中国轻工业“十三五”规划教材

表面活性剂、胶体与界面化学实验

Experiments in Surfactants, Colloid and Interface Chemistry

刘雪锋　主编

化学工业出版社

·北京·

本书系统地概述了表面活性剂、胶体与界面化学的基础概念和理论要点；突出显示以表面活性剂为纽带的胶体与界面化学的实验技能训练和研究方法学习。按照纯液体表面张力以及温度的影响规律，液-液界面、液-固界面和铺展单分子膜，表面活性剂的溶液表面吸附和体相自组装，表面活性剂在液-液界面和液-固界面的吸附，胶体分散体系，具有刺激响应的新型表面活性剂六个主题，设计了近五十个实验来介绍有关表面活性剂相关的实验操作与基本原理。

适合高年级本科生和研究生的实验和研究方法学习，也适合国内表面活性剂、洗涤剂、化妆品等行业从业技术人员的相关实验技能学习和参考。

图书在版编目(CIP)数据

表面活性剂、胶体与界面化学实验/刘雪锋主编.
北京：化学工业出版社，2017.9
ISBN 978-7-122-30308-0

Ⅰ.①表… Ⅱ.①刘… Ⅲ.①表面活性剂-研究
Ⅳ.①TQ423

中国版本图书馆 CIP 数据核字(2017)第 175163 号

责任编辑：李晓红　　装帧设计：王晓宇
责任校对：宋　玮

出版发行：化学工业出版社（北京市东城区青年湖南街 13 号　邮政编码 100011）
印　　刷：三河市航远印刷有限公司
装　　订：三河市瞰发装订厂
710mm×1000mm　1/16　印张 11¼　字数 213 千字　2017 年 11 月北京第 1 版第 1 次印刷

购书咨询：010-64518888（传真：010-64519686）　售后服务：010-64518899
网　　址：http://www.cip.com.cn
凡购买本书，如有缺损质量问题，本社销售中心负责调换。

定　　价：**38.00 元**

前言
FOREWORD

胶体与界面化学是化学科学与物理、材料、生命医药、农业、建筑、能源和工程等广泛交叉发展的学科，涉及国民经济生产和个人生活的众多领域和层面；而表面活性剂素有“工业味精”之美誉。我国高等学校关于表面活性剂、胶体与界面化学的学科发展，起于中华人民共和国成立后的北京大学和南京大学。江南大学（其前身之一为无锡轻工大学）自无锡轻工业学院（无锡轻工大学之前身）起至今，一直是国内从事表面活性剂、胶体与界面化学科学与技术研究和本科（1958 年起）—硕士（1983 年起）—博士（2005 年起）人才培养的单位之一。历经近 60 年的积淀，为我国培养和输送了一大批以表面活性剂为特长的胶体与界面化学高级专门人才。

1980 年左右，夏纪鼎教授在无锡轻工业学院开设以表面活性剂为特色的“表面化学”理论和实验课程，但一直没有出版过实验教材；自先后学习并毕业于无锡轻工大学和江南大学后，本人一直从事表面活性剂、胶体与界面化学的科研和教学。随着教学改革和课程建设的深入推进，编写并出版一本表面活性剂、胶体与界面化学实验教材的时机已经成熟，以铭记和追循先辈师长的足迹。于是，在江南大学化学与材料工程学院和化学工业出版社的支持下，承恩师方云教授之鼓励，以原无锡轻工大学“表面化学实验讲义”为基础编写本实验教材。

本教材共分“纯液体表面张力以及温度的影响规律”“液-液界面、液-固界面和铺展单分子膜”“表面活性剂的溶液表面吸附和体相自组装”“表面活性剂在液-液界面和液-固界面的吸附”“胶体分散体系”和“具有刺激响应的新型表面活性剂（或颗粒）”六部分，前五部分继承了表面活性剂、胶体与界面化学的部分经典内容，所选实验项目已经有长期的教学和教改实践，均取得良好的教学效果；第六部分则试图反映国内外关于“表面活性剂表界面自组装和刚性颗粒界面自组装体系对环境刺激因素具有智能响应”研究的动态和进展，改编自国内外学者的科研论文，对基础知识和实验技能的要求相对较高。

本实验教材力争满足：(1) 国内高校相关化学化工专业高年级本科生选修有关表面活性剂、胶体与界面化学的实验教学需求；(2) 国内以表面活性剂为特色的胶体与界面化学本科专门人才培养的实验教学需求；(3) 国内以表面活性剂、胶体与界面化学为研究方向的硕士、博士人才培养的实验教学和学习需求；(4) 国内表面活性剂、洗涤剂、化妆品等行业从业技术人员的相关实验技能学习和参考。

考虑到国内高校、科研院所和企业单位的软、硬件设备今非昔比，同时也考虑到版面的精简，本书没有就仪器设备、工具性数据和公式推衍进行长篇累牍地细述，若有不当，敬请读者见谅。本教材的编写过程中，广泛参考了国内先期出版的相关实验教材和国内外期刊论文，在此向所有被引文献的作者一并表示诚挚的感谢和敬意。

本教材由江南大学刘雪锋、樊晔、张永民、刘学民、宋冰蕾和陈晖联合编写，最后由刘雪锋统稿。限于学识和水平，所选编的实验项目未必完全满足读者的需求；此外，书中疏漏在所难免，如蒙读者不吝指正，将不胜感激。

刘雪锋

目录
CONTENTS

I

纯液体表面张力以及温度的影响规律

物质分子间存在多种类型的相互作用，永久偶极子之间的相互作用力——静电力（Keesom 力），永久偶极子与诱导偶极子之间的相互作用力——诱导力（Debye 力），以及诱导偶极子之间的相互作用力——色散力（London 力）构成了人们通常所称的范德华（van der Waals）力。范德华力正是产生各种界面现象的根源，范德华力具有加和性，其合力足以穿越相界面而起作用。

正是如此，自然界的任何相界面在热力学上都倾向于收缩，最简单的相界面是纯液体与共存气相之间的相界面（习惯称作表面）。促使表面收缩的驱动因素是表面张力（γ）。可以从两个角度理解表面张力，其一，作用在表面单位长度上的力；其二，等温等压条件下，封闭体系增加单位表面积时体系吉布斯（Gibbs）自由能的增加，其本质为单位面积上的表面吉布斯过剩自由能的过剩量。可以认为，表面张力是产生各种表面现象的根源，因此，表面张力是胶体与界面化学领域重要的性质参数之一。

液体表面张力属于强度性质，多种因素将影响液体的表面张力。就纯液体而言，液体物质的种类（即液体物质本身的性质）是影响液体表面张力的内在因素；温度和压强属于外在因素，对液体表面张力也有影响，其中，温度对表面张力的影响研究得比较深入。

本章总共筛选了 5 个实验项目，以纯水为研究对象，分别从表面张力测定（4 种方法）、温度对表面张力的影响等角度，围绕纯液体表面张力以及温度的影响规律展开实验探究。

实验一　滴体积法测定纯水的表面张力

一、实验目的

1. 学习并掌握用滴体积法测定纯液体表面张力的原理和方法。
2. 学习并掌握用滴体积法测定纯液体表面张力实验装置的搭置。
3. 学习并掌握用滴体积法测定纯液体表面张力的实验数据处理方法。

二、实验原理

液体体相中各分子间相互吸引，每个分子均处于均匀立场，即受力平衡；而处于液体表面的分子则不同，液体内部侧对它的吸引力大于外部侧（通常指空气）对它的引力，故处于非均匀立场，所受作用的综合结果是表面分子受到向液体体相内部的吸引作用，使液体表面产生自动收缩的趋势。要扩大液体表面，即把一部分分子从体相内部移到表面上就必须对抗吸引而做功。在等温等压条件下，增加单位表面积所需的功称为比表面过剩表面自由能，单位通常用 $mN \cdot m^{-1}$；该物理量也可以理解为，沿着液体表面，垂直作用于单位长度上，使液体表面收缩的力，故又称之为表面张力，用符号 γ 表示。

滴体积法是测定液体表面张力的一种既方便而又比较准确的方法。此法的基本依据是：当液体在毛细管端头缓慢形成的液滴达到最大并滴落时，液滴的大小（体积 V 或质量 m）与毛细管管口半径（R）及液体表面张力 γ 有关；若液滴自管端完全脱落，则滴落液滴的质量 m 与表面张力 γ 有如下关系：

$$mg = 2\pi R\gamma \tag{1}$$

式中，m 为液滴质量，g；g 为重力加速度，$980.7 cm \cdot s^{-2}$；R 为毛细管口半径，cm；R 当液体能润湿管口时用外径，反之用内径；γ 为液体表面张力，$mN \cdot m^{-1}$；π 为圆周率。

但是，液滴自毛细管管端滴落时总是有一些液体残留于管口。图 1 是液滴形成过程的高速摄影示意，由于液滴掉落时，液滴与毛细管口连接的细颈部位是不稳定的，故总是从此处断开，只有一部分液体落下，残留液体有时可多达整体液滴的 40%。此外，由于形成细颈，表面张力作用的方向与重力作用方向不一致，而成一定角度，这也使表面张力所能支持的液滴质量变小。因此，对式（1）必须进行修正，引入校正项 k，则式（1）变为：

$$mg = k \cdot 2\pi R\gamma \tag{2}$$

$$\gamma = \frac{1}{2\pi k}\frac{mg}{R} = F\frac{mg}{R} \tag{3}$$

通常，将式（3）中 $F=\frac{1}{2\pi k}$ 称为校正因子。研究表明，F 是 $\frac{V}{R^3}$ 的函数（V 为滴落液体的体积），而与滴管材料、液体密度、液体黏度等因素无关。根据测得的滴落液滴的体积和管口半径，查 F-V/R^3 表（第 4 页附表）即可获得 F 值，再查出或测得液体的密度 ρ，于是可代入式（4）计算表面张力：

$$\gamma=F\,\frac{Vg\rho}{R} \tag{4}$$

滴体积（滴重）法对一般液体或溶液的表（界）面张力测定都很适用，但此法非完全平衡方法，故对表面张力有很长的时间效应的体系，不太适用。

三、实验仪器和试剂

滴体积法测表面张力需要的实验仪器最为简单。图 2 所示装置包括一支由量程为 0.2mL 玻璃刻度移液管加工得到的毛细管[1]，一只恒温水浴缸，一只 100mL 的玻璃量筒和一套液滴挤落控制装置（可用针筒）。实验试剂为纯水。

图 1　液滴自毛细管管端滴落过程的高速摄影示意

图 2　滴体积法测定表面张力装置示意图

四、实验步骤

1. 洗净特制的玻璃滴管，用读数显微镜测出滴头端面半径 R 值（精确到 0.001cm）。

2. 按图 2 安装好仪器，在 100mL 量筒中放入约 20mL 纯水，在（25±0.1)℃下恒温半小时。

3. 将毛细管头部伸入水中，用注射器抽取液体至毛细管的最高刻度以上（注意防止产生气泡），提起毛细管，使其端面在液面以上 1～2cm，慢慢推动针筒，挤出一滴液体，再微微抽动针筒使残留的液体缩回毛细管内，读出毛细管内液面

所对应的刻度 V_0。

4. 慢慢推动针筒，挤出液体，使成液滴落下；挤出数滴，至毛细管中的液面接近最低刻度时，微微抽动针筒使残留的液体缩回毛细管内，读出毛细管内液面所对应的刻度 V_n，记下滴数 n。

5. 计算液滴体积 $V=(V_0-V_n)/n$，求出 V/R^3 值，从 F-V/R^3 表中查出校正因子 F，代入式（4）求出表面张力。

6. 重复测定 5 次以上，计算所得表面张力测量值的相对变异系数（RSD）。

五、数据记录与处理

按照 Harkins 公式 $\gamma=75.796-0.145t-0.00024t^2$，式中，$t$ 为温度，单位为℃，计算水在 25℃时的表面张力，将计算值和实验测量值之间对比，计算相对标准偏差。

六、思考题

1. 本实验的主要误差及其来源有哪些？

2. 公式（4）中液体密度若是采用相同温度下纯水的密度代替将有怎样的影响？

3. 如何有效避免毛细管内的气泡？

4. 为使滴出液体的体积数据有较高的准确性，可以采取的措施有哪些？

七、参考文献

[1] 肖进新，罗妙宣. 滴体积法测量表面张力装置的改进. 实验室研究与探索，2000，19（2）：48-49.

附表　滴体积法测定表面张力校正因子 F 数值表

V/R^3	F	V/R^3	F	V/R^3	F	V/R^3	F	V/R^3	F
37.04	0.2198	27.83	0.2236	21.43	0.2274	16.86	0.2313	13.50	0.2352
36.32	1.2200	27.33	0.2238	21.08	0.2276	16.60	0.2316	13.31	0.2354
35.25	0.2203	26.60	0.2242	20.56	0.2280	16.23	0.2320	13.03	0.2358
34.56	0.2206	26.13	0.2244	20.23	0.2283	15.98	0.2323	12.84	0.2361
33.57	0.2210	25.44	0.2248	19.74	0.2287	15.63	0.2326	12.58	0.2364
32.93	0.2212	25.00	0.2250	19.43	0.2290	15.39	0.2329	12.40	0.2367
31.99	0.2216	24.35	0.2254	18.96	0.2294	15.05	0.2333	12.15	0.2371
31.39	0.2218	23.93	0.2257	18.66	0.2296	14.83	0.2336	11.98	0.2373
30.53	0.2222	23.32	0.2261	18.22	0.2300	14.51	0.2339	11.74	0.2377
29.95	0.2225	22.93	0.2263	17.94	0.2303	14.30	0.2342	11.58	0.2379
29.13	0.2229	22.35	0.2267	17.52	0.2307	13.99	0.2346	11.35	0.2383
28.60	0.2231	21.98	0.2270	17.25	0.2309	13.79	0.2348	11.20	0.2385

续表

V/R³	F	V/R³	F	V/R³	F	V/R³	F	V/R³	F
10.97	0.2389	6.177	0.2495	3.805	0.2575	2.518	0.2631	1.758	0.2657
10.83	0.2391	6.110	0.2497	3.779	0.2576	2.498	0.2632	1.749	0.2657
10.62	0.2395	6.010	0.2500	3.727	0.2578	2.468	0.2633	…	…
10.48	0.2398	5.945	0.2502	3.692	0.2579	2.448	0.2634	1.705	0.2657
10.27	0.2401	5.850	0.2505	3.641	0.2581	2.418	0.2635	1.687	0.2658
10.14	0.2403	5.787	0.2507	3.608	0.2583	2.399	0.2636	…	…
9.95	0.2407	5.694	0.2510	3.559	0.2585	2.370	0.2637	1.534	0.2658
9.82	0.2410	5.634	0.2512	3.526	0.2586	2.352	0.2638	1.519	0.2657
9.63	0.2413	5.544	0.2515	3.478	0.2588	2.324	0.2639	…	…
9.51	0.2415	5.486	0.2517	3.447	0.2589	2.305	0.2640	1.457	0.2657
9.33	0.2419	5.400	0.2519	3.400	0.2591	2.278	0.2641	1.443	0.2656
9.21	0.2422	5.343	0.2521	3.370	0.2592	2.260	0.2642	1.433	0.2656
9.04	0.2425	6.000	0.2524	3.325	0.2594	2.234	0.2643	1.418	0.2655
8.93	0.2427	5.206	0.2526	3.295	0.2595	2.216	0.2644	1.395	0.2654
8.77	0.2431	5.125	0.2529	3.252	0.2597	2.190	0.2645	1.380	0.2652
8.66	0.2433	5.073	0.2530	3.223	0.2598	2.173	0.2645	1.372	0.2649
8.50	0.2436	4.995	0.2533	3.180	0.2600	2.148	0.2646	1.349	0.2648
8.40	0.2439	4.944	0.2535	3.152	0.2601	2.132	0.2647	1.327	0.2647
8.25	0.2442	4.869	0.2538	3.111	0.2603	2.107	0.2648	1.305	0.2646
8.15	0.2444	4.820	0.2539	3.084	0.2604	2.091	0.2648	1.284	0.2645
8.00	0.2447	4.747	0.2541	3.044	0.2606	2.067	0.2649	1.255	0.2644
7.905	0.2449	4.700	0.2542	3.018	0.2607	2.052	0.2649	1.243	0.2643
7.765	0.2453	4.630	0.2545	2.979	0.2609	2.028	0.2650	1.223	0.2642
7.673	0.2455	4.584	0.2546	2.953	0.2611	2.013	0.2651	1.216	0.2641
7.539	0.2458	4.516	0.2549	2.915	0.2612	1.990	0.2652	1.204	0.2640
7.451	0.2460	4.471	0.2550	2.891	0.2613	1.975	0.2652	1.180	0.2639
7.330	0.2464	4.406	0.2553	2.854	0.2615	1.953	0.2652	1.177	0.2638
7.236	0.2466	4.363	0.2554	2.830	0.2616	1.939	0.2652	1.167	0.2637
7.112	0.2469	4.299	0.2556	2.794	0.2618	1.917	0.2654	1.148	0.2635
7.031	0.2471	4.257	0.5557	2.771	0.2619	1.903	0.2654	1.130	0.2632
6.911	0.2474	4.196	0.2560	2.736	0.2621	1.882	0.2655	1.113	0.2629
6.832	0.2476	4.156	0.2561	2.713	0.2622	1.868	0.2655	1.096	0.2625
6.717	0.2480	4.096	0.2564	2.680	0.2623	1.847	0.2655	1.079	0.2622
6.641	0.2482	4.057	0.2566	2.657	0.2624	1.834	0.2656	1.072	0.2621
6.530	0.2485	4.00	0.2568	2.624	0.2626	1.813	0.2656	1.062	0.2619
6.458	0.2487	3.961	0.2569	2.603	0.2627	1.800	0.2656	1.056	0.2618
6.351	0.2490	3.906	0.2571	2.571	0.2628	1.781	0.2657	1.046	0.2616
6.281	0.2492	3.869	0.2573	2.550	0.2629	1.768	0.2657	1.040	0.2614

续表

V/R^3	F	V/R^3	F	V/R^3	F	V/R^3	F	V/R^3	F
1.006	0.2613	0.8967	0.2580	0.7836	0.2543	0.6894	0.2499	0.6086	0.2449
1.024	0.2611	0.8890	0.2578	0.7786	0.2541	0.6842	0.2496	0.6055	0.2446
1.015	0.2609	0.8839	0.2577	0.7720	0.2538	0.6803	0.2495	0.6016	0.2443
1.009	0.2619	0.8763	0.2575	0.7679	0.2536	0.6750	0.2491	0.5979	0.2440
1.000	0.2606	0.8713	0.2573	0.7611	0.2534	0.6714	0.2489	0.5934	0.2437
0.994	0.2604	0.8638	0.2571	0.7575	0.2532	0.6662	0.2486	0.5904	0.2435
0.992	0.2602	0.8589	0.2569	0.7513	0.2529	0.6627	0.2484	0.5864	0.2431
0.993	0.2601	0.8516	0.2567	0.7472	0.2527	0.6575	0.2481	0.5831	0.2429
0.9706	0.2599	0.8468	0.2565	0.7412	0.2525	0.6541	0.2479	0.5787	0.2426
0.9648	0.2597	0.8395	0.2563	0.7372	0.2523	0.6488	0.2476	0.5440	0.2428
0.9564	0.2595	0.8349	0.2562	0.7311	0.2520	0.6457	0.2474	0.5120	0.2440
0.9507	0.2594	0.8275	0.2559	0.7273	0.2518	0.6401	0.2470	0.4552	0.2486
0.9423	0.2592	0.8232	0.2557	0.7214	0.2516	0.6374	0.2468	0.4064	0.2555
0.9368	0.2591	0.8163	0.2555	0.7175	0.2514	0.6336	0.2465	0.3644	0.2638
0.9286	0.2589	0.8117	0.2553	0.7116	0.2511	0.6292	0.2463	0.3280	0.2722
0.9232	0.2587	0.8056	0.2551	0.7080	0.2509	0.6244	0.2460	0.2963	0.2806
0.9151	0.2585	0.8005	0.2549	0.7020	0.2506	0.6212	0.2457	0.2685	0.2888
0.9098	0.2584	0.7940	0.2547	0.6986	0.2504	0.6165	0.2454	0.2441	0.2974
0.9019	0.2582	0.7894	0.2545	0.6931	0.2501	0.6133	0.2453		

实验二　吊环法测定纯水的表面张力

一、实验目的

1. 学习并掌握用吊环法测定纯液体表面张力的原理和方法。
2. 学习吊环法测定液体表面张力仪器——自动界面张力仪的操作方法。

二、实验原理

任何表面或界面均倾向于收缩，主要是因为存在表面张力，该物理量也可以理解为，沿着液体表面，垂直作用于单位长度上，使液体表面收缩的力，故称之为表面张力，用符号 γ 表示。测表面张力的方法有很多种，如毛细管上升法、滴体积法、最大气泡压力法、吊环法、吊片法和滴外形法等。

吊环法[1,2]是将金属细丝做成的吊环按照环平面与液面平行的方式浸入液体中，然后缓缓将吊环拉出液体，在快要离开液体表面时，液体在金属环上形成一层薄膜，随着吊环被拉出液面（图 1），溶液的表面张力将阻止吊环被拉出，当液膜破裂时，吊环的拉力将达到最大值，自动界面张力仪将记录这个最大值。

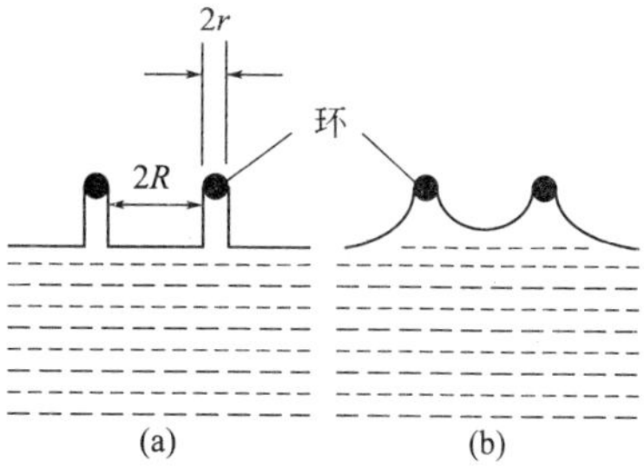

图 1　吊环法测定液体表面张力的理想情况（a）和实际情况（b）示意图

当提起液体的重量 mg 与沿环液体交界处的表面张力相等时，液体质量最大。再提升则液环断开，环脱离液面。理想情况下，环拉起的液体呈圆筒形［图 1（a）］，对环的附加拉力（即除去抵消环本身的重力部分）P 为：

$$P = mg = 2\pi R\gamma + 2\pi(R + 2r)\gamma = 4\pi(R + r)\gamma \tag{1}$$

式中，m 为拉起来的液体质量；g 为重力加速度；R 为环的内径；r 为环丝半径。实际上，式（1）是不完善的，因为实际情况并非如此，而是如图 1（b）所示。因此对式（1）还需要加以校正。于是得：

$$\gamma = \frac{P}{2\pi R}F \tag{2}$$

从大量的实验分析与总结，说明校正因子 F 与 R/r 值及 R^3/V 值有关（V 为圆环带起来的液体体积，可自 $P = mg = V\rho g$ 关系求出，ρ 为液体密度）。F 的数值相当繁杂，可以通过实验一中附表查得。JYW-200D 自动界面张力仪已经把式（2）的计算实现了自动化程序计算，可以在仪器数据显示屏直接获得液体的表面张力值。

三、实验仪器和试剂

JYW-200D 自动界面张力仪，铂丝圆环，100mL 量筒，500mL 烧杯，镊子，洗瓶，循环恒温水浴，100mL 夹套烧杯，温度计，普通圆形滤纸。

实验试剂为纯水。

四、实验步骤

1. 检查 JYW-200D 自动界面张力仪上的水准泡，调节基座上调平旋钮，使仪器水平。

2. 打开电源开关，稳定 15min。

3. 把铂丝圆环和夹套烧杯进行很好的冲洗。铂丝圆环的清洗方法：先在石油醚中清洗，接着用丙酮漂洗，然后在煤气灯或酒精灯的氧化焰中加热、烘干铂丝圆环。在清洗和后续试验中，用镊子取、挂铂丝圆环时要特别小心，以免铂丝圆环变形。

4. 用镊子夹取铂丝圆环小心悬挂在杠杆挂钩上，在夹套烧杯中注入新鲜纯水 40～50mL，开通 25℃恒温循环水泵。

5. 在 JYW-200D 自动界面张力仪“开机初始页”连续按“▲”键四次，液晶界面显示“试验显示 按确认键进入”菜单页，再按“确认”键进入试验显示主页。

P：000.00mN/m	*D*：0
F：000.00mN/m	<+↑

6. 按“清零”键，然后按“▲”键，玻璃杯平台上升，液晶界面右下边显示“<↑”提示符。

7. 待铂丝圆环浸没液体时，平台自动停止上升、按“清零”键使 *P* 值变为 000.00mN·m^{-1}。按“▼”键、按“保持”键，玻璃杯平台下降，液晶界面右下边显示“+↓”提示符。随着玻璃杯平台下降，*P* 值不断增大，液膜被拉破，玻璃杯平台自动停止。此时显示屏 *F* 值即是该液体表面张力的实验测量值，记录该数据。

8. 按“清零”键取消保持状态。按“▲”键玻璃杯平台上升，液晶界面右下边显示“<↑”提示符。待铂金环浸没液体时，平台自动停止上升。

9. 按“▼”键、按“保持”键，玻璃杯平台下降，液晶界面右下边显示“+↓”提示符。液膜拉破后，显示屏再次出现该液体的表面张力重复实验测量值。

10. 要求重复测量五次，记录表面张力 *F* 值，求取五次 *F* 的平均值。

五、数据处理

按照 Harkins 公式 $\gamma = 75.796 - 0.145t - 0.00024t^2$，式中，$t$ 为温度，单位为℃，计算水在 25℃时的表面张力，将计算值和实验测量值之间对比，计算相对标准偏差。

六、思考题

1. 本实验的主要误差及其来源有哪些？
2. 与滴体积法测表面张力相比，吊环法有何优势和不足？
3. 吊环法测得的表面张力是稳态表面张力还是动态的？
4. 如何用吊环法测定液-液界面张力？

七、参考文献

[1] Harkins W D, Jordan H F. A method for the determination of surface and interfacial tension from the maximum pull on a ring. J Am Chem Soc, 1930, 52: 1751-1772.

[2] 北京大学化学系胶体化学教研室. 胶体与界面化学实验. 北京：北京大学出版社，1993.

实验三　毛细上升法测定纯水的表面张力[1]

一、实验目的

1. 学习并掌握用毛细上升法测定纯液体表面张力的原理和方法。
2. 理解和运用 Laplace（拉普拉斯）公式。

二、实验原理

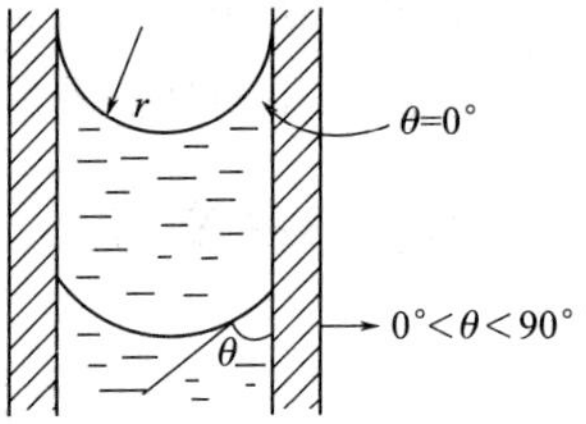

就纯液体表面张力测定而言，毛细上升法[1]是测定纯液体表面张力的一种绝对方法，所用实验仪器非常简单，所得测定结果相当准确。由于存在表面张力，弯曲液面两侧存在压强差 ΔP，可以用 Laplace 公式定量描述 ΔP 与液体表面张力 γ、弯曲液面曲率半径之间的数学关系。

当被测液体能够完全润湿毛细管壁时，待测液体在毛细管壁表面形成的接触角 θ 可以被认为等于 0°，此时，液体在毛细管中的液面呈凹液面状；若是毛细管内径很小，管中凹液面近似为半球面，此时，弯曲液面的曲率半径与毛细管内半径相等，凹液面两侧压强差 ΔP 的 Laplace 方程可表示为：

$$\Delta P=\frac{2\gamma}{r} \tag{1}$$

式中：r 为毛细管内半径，也是凹液面曲率半径。在凹液面两侧压强差 ΔP 的驱动下，毛细管中液面上升一定的高度 h 后方能达到平衡，到达平衡状态时，凹液面两侧压强差 ΔP 可以进一步表示为：

$$\Delta P=\frac{2\gamma}{r}=\Delta\rho gh \tag{2}$$

式中：$\Delta\rho$ 是弯曲液面两侧的密度差；g 是重力加速度。显然，由式（2）可得：

$$\gamma=\frac{1}{2}\Delta\rho ghr \tag{3}$$

式（3）是毛细上升法测定液体表面张力的基本理论公式。

若待测液体不能够完全润湿毛细管壁，即接触角 θ 不为零，则式（3）应当表示为式（4）：

$$\gamma=\frac{1}{2\cos\theta}\Delta\rho ghr \tag{4}$$

通常，将毛细管弯月面底部以下液柱高度 h_0 计作式（4）中的 h；但是，在精确测试时，弯月面部分液体所相当的液柱高度 h' 也应当计入，此时 h 可以表示为：

$$h = h_0 + h' \tag{5}$$

若毛细管内径很小，比如待测液体为水时，当 $r<0.2$ mm 时，$h'=r/3$；当 $0.2\text{mm}<r<1\text{mm}$ 时，h 可以表示为：

$$h = h_0 + r/3 - 0.1288(r^2/h_0) + 0.1312(r^3/h_0^2) \tag{6}$$

毛细上升法测液体表面张力对于待测液体可以完全润湿的液体而言，接触角可以看作为零，否则，由于接触角滞后效应导致测定结果不够准确；此外，毛细管内径要尽可能地均匀，毛细管装置必须洁净。对水而言，可以认为完全润湿玻璃，所以常用玻璃材质的毛细管测定水的表面张力。

三、实验仪器和试剂

毛细上升法测液体表面张力需要的实验仪器最为简单。图 1 所示装置包括一支带刻度的玻璃毛细管(或者由量程为 0.2mL 玻璃刻度移液管代替，但是体积刻度转化为高度需要预先校正)，一只恒温水浴缸，一支 100mL 烧杯和一支游标千分卡尺。

实验试剂为纯水。

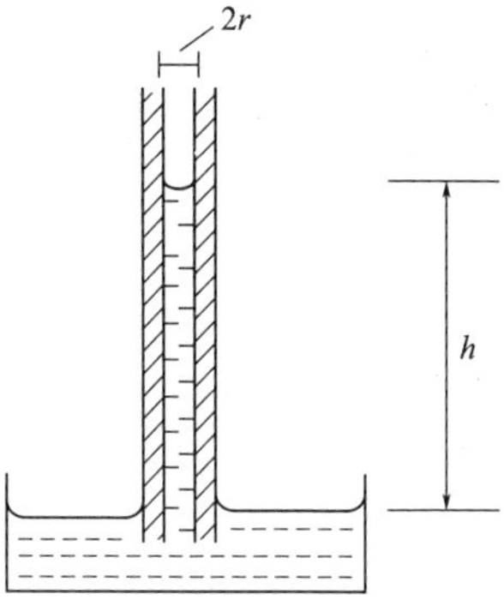

图 1　毛细上升法测定表面张力装置示意图

四、实验步骤

1. 用游标千分尺仔细测量玻璃毛细管的内径，注意多点测量，所测内径数据极差不大于 0.1mm 的毛细管可用。

2. 将毛细管和烧杯仔细洗净，毛细管在 50℃ 真空干燥箱中抽干；在 100mL 烧杯中放入约 20mL 纯水，在 (25±0.1)℃ 下恒温半小时后，将毛细管垂直插入液面，测量毛细管中液柱的平衡高度 h_0，根据所测毛细管内径数据，按照式（6）计算高度 h。

3. 实验操作重复 7～11 次，计算 h 偏差范围。

五、数据记录与处理

按照 Harkins 公式 $\gamma = 75.796 - 0.145t - 0.00024t^2$，式中，$t$ 为温度，单位为℃，计算水在 25℃时的表面张力，按照式（3）计算纯水表面张力实验值，比较 Harkins 公式计算值和实验测量值，计算相对标准偏差。

六、思考题

1. 本实验的主要误差及其来源有哪些？
2. 与滴体积法、吊环法测表面张力相比，本实验所用方法有何优势和不足？
3. 本实验所用方法测得的表面张力是稳态表面张力还是动态的？
4. 本实验所用的方法能否测定液-液界面张力？

七、参考文献

[1] 北京大学化学系胶体化学教研室. 胶体与界面化学实验. 北京：北京大学出版社，1993.

实验四　滴外形法测定纯水的表面张力

一、实验目的

1. 熟练运用纯液体表面张力的测定方法。
2. 学习滴外形法测定液体表面张力的 OCA 仪器操作方法。

二、实验原理

悬滴法测定表面张力的基本原理是：当液滴被静止悬挂在注射器管口时，受到重力和表面张力的双重作用，该双重作用的平衡结果决定了液滴的外形。因此，液体的表面张力可以通过测定液滴外形推算出（图 1）。早在 1882 年，Bashforth 和 Adams 首先提出悬滴轮廓方程，但受限于技术条件，该方程的使用极其不方便；1938 年，Andreas 等人[1]引入经验校正因子并逐步建立选择平面法，具体为公式（1）：

$$\gamma = \frac{gD^2\Delta\rho}{H} \tag{1}$$

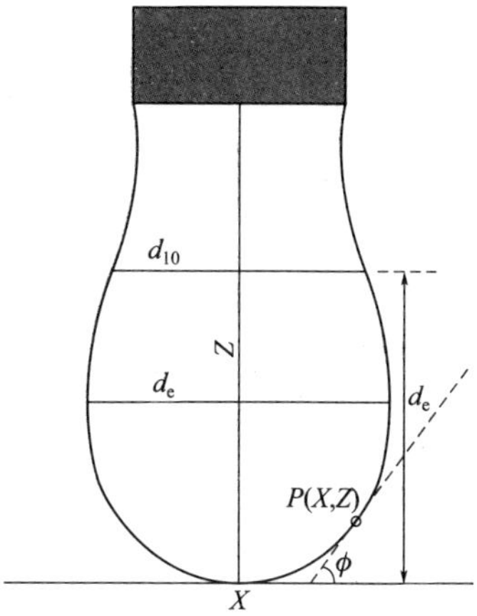

图 1　悬滴轮廓

式中，D 为液滴的赤道直径，即最宽处直径；d 为距离液滴的底部 D 处平面直径；$\Delta\rho$ 为液滴相与环境相密度差；H 与液滴形状因子（S）有关，可以认为是修正之后的形状因子；γ 为表面张力，$mN \cdot m^{-1}$。

使用 OCA 型接触角测量仪配备的表面张力测试软件，获得液滴数码照片后，系统自动计算出此时液体的表面张力。

三、实验仪器和试剂

OCA40 光学接触角测量仪（Data Physics Instruments GmbH）和纯水。

四、实验步骤

1. 准备工作

注射器在待测液内反复快速抽取，确保在注射器内盛满液体，无任何气泡；选择测定表面张力的电动注射单元。滴液附件安装时参照支架台上参数放置在合适位置，适当调整使聚焦获得客体（如针尖）最清晰图像；选择合适的注射针：一般地，悬滴法（pendant drop）测表面张力，选择标准针 SNP165/119，其外径

1.65mm，内径 1.19mm。切记！测定前注射针均应认真清洗干净并以测试液充分清洗。否则无法得到可信结果。

2. 开机

先打开温控单元开关，再打开主机开关，再点击电脑屏幕上 SCA20 操作软件快捷键，软件开始自检，随后将进入 Live Video 界面。在 Live Video 界面，点击“file”下拉菜单，在 new window 项下点开 result collection window 后，点击 system 和 M-Info 可进行相关参数的设置，如液体的种类、液体密度、温度等。页面左侧为测量过程中溶液的表面张力数据。点击“window”下拉菜单，点开 device control bar，页面右方出现控制窗口，点开各控制窗口即得相应的小控制窗口。

3. 影像显示

（1）在 Live Video 界面，点击激活手动模式（manual mode）（及转轮＋手形），此时画面背景颜色由蓝转红。

（2）安装注射器，次序如下：先使用下移键，下移注射平台；再将注射器推入竖槽，并轻轻地旋紧右侧按钮；然后，使用上移键，上移注射平台，使其与注射器活塞相接触；最后，锁紧活塞夹。注意：注射器安装完毕，再次点击手动模式键，恢复至电动模式。

（3）图像聚焦。手动旋转支架台旋钮，使注射针口进入视野。先调整“Illumination”使亮度适宜（即针口图像显示）。调整“Optics”，对图像聚焦。

4. 测量

测定表面张力时，选择悬滴法（pendant drop），并依据图像显示液滴方向，一般习惯性选择［Pendant drop left］，液滴图像上出现 3 条线，将距离液滴最近的一条线放在针口处，另两条基线放在注射针上，如图 2 所示。

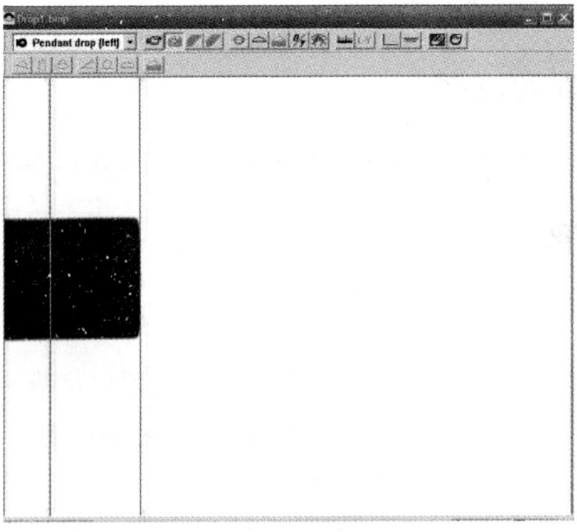

图 2　Pendant drop left 页面

调整“Dipense units”，选择 ES6，并勾选“continuous dosing”功能。测定表面张力时，分液体积一般 10～15μL。液滴的滴速选择“very slow”，点击 dispense 键，挤出液滴。然后依次点击、、和按键，此时页面会显示表面张力数据，读取液滴足够大，但并未掉落时的表面张力值（图 3）。

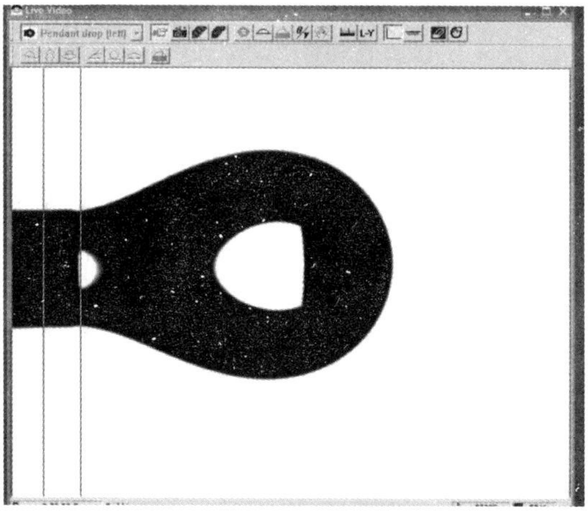

图 3　读取表面张力数据页面

5. 关闭主机电源，关闭计算机。

五、数据记录与处理

室温：________；大气压：________；实验温度：________

序号	γ/mN·m^{-1}
1	
2	
3	
平均值	

六、思考题

1. 查阅文献，进一步理解滴外形法测定液体表面张力的原理。
2. 本实验过程中影响测定结果准确性的因素有哪些？
3. 如何利用该方法测定液-液界面张力？

七、参考文献

[1] Andreas J M，Hauser E A，Tucker W B. Boundary tension by pendant drops. J Phys Chem，1938，42：1001-1019.

实验五　温度对纯水表面张力的影响规律

一、实验目的

1. 熟练运用纯液体表面张力的测定方法。
2. 了解并验证实验温度对表面张力的影响规律。

二、实验原理

液体表面张力与温度关系的研究虽已有一个多世纪之久，但尚无准确的理论关系。在实验探索过程中，人们已建立了一些经验关系，在一定范围内可以比较准确地描述温度与表面张力之间的经验规律结果，也可满意地用于内插法数据处理[1]。最简单的经验公式是：

$$\gamma = \gamma_0(1 - bT) \tag{1}$$

式中，T 为热力学温度，K；γ_0 和 b 为随体系不同而变化的经验常数。由于在液体临界温度时气-液界面将不存在，这时表面张力应该为零，故 γ-T 关系可用对比温度表示：

$$\gamma = \gamma_0\left(1 - \frac{T}{T_c}\right) \tag{2}$$

式中，T_c为液体临界温度。考虑到一般液体在低于临界温度时表面张力已经为零，所以 Ramsay 和 Shields 建议改用下列经验公式：

$$\gamma(Mv)^{\frac{2}{3}} = k(T_c - T - 6) \tag{3}$$

式中，M 为分子量；v 为比容；k 为常数。van der Waals 从热力学角度将式（2）改写为式（4）：

$$\gamma = \gamma_0\left(1 - \frac{T}{T_c}\right)^n \tag{4}$$

实际上，式（1）至式（4）都只能代表一定温度范围内、某些液体的表面张力与温度之间的关系规律。也有学者建议，用多项式来代表表面张力随温度变化的实验结果，一般形式为：

$$\gamma = \gamma_0 + aT + bT^2 + cT^3 + \cdots \tag{5}$$

具有代表性的结果是，Harkins 提出的水的表面张力随温度变化的关系：

$$\gamma_{H_2O} = 75.796 - 0.145t - 0.00024t^2 \tag{6}$$

式中，t 为摄氏温度，℃；此经验公式适用的温度范围是 10～60℃。

三、实验仪器和试剂

本实验所用试剂为纯水。

本实验所用测量纯水表面张力的实验方法可以参照本书实验一至实验三所列方法的任意一种。因此，所用实验仪器可以参照本书实验一至实验三所列仪器和装置。

四、实验步骤

1. 按照本书“实验一”至“实验三”中任一项目所列仪器和装置准备好实验仪器，并参照相应实验步骤测量纯水的表面张力。

2. 按照实验室温度条件，改变实验温度，在 10～60℃温度范围内设置 7 至 11 个温度试验点，测定不同温度下纯水的表面张力。

3. 每个温度试验点纯水的表面张力重复测定 3 次以上，控制所得表面张力测量值的误差范围不超过$\pm 0.5 mN \cdot m^{-1}$。

五、数据记录与处理

1. 根据实验数据，作表面张力与温度关系图，并按照 Harkins 公式形式数学拟合表面张力与温度之间的多项式方程。

2. 根据实验数据拟合所得多项式方程，另取三个非实验温度获得纯水的表面张力数值，分别与 Harkins 公式计算值相比较，计算相对误差并分析讨论误差的原因。

六、思考题

1. 查阅文献，归纳温度对液-液界面张力的影响规律。

2. 本实验过程中影响测定结果准确性的因素有哪些?

七、参考文献

[1] 拉甫罗夫. 胶体化学实验. 赵振国译. 北京：高等教育出版社，1992.

II

液-液界面、液-固界面和铺展单分子膜

液-液界面和液-固界面是自然界和工农业生产中最为广泛存在的相界面，与气-液界面和气-固界面（此两类界面又称作表面）这两类比较简单的相界面相比，液-液界面和液-固界面有其固有的复杂性，又称作凝聚相界面。从热力学角度看，凝聚相界面也倾向于收缩，其产生的根源亦来自于界面张力（interfacial tension，IFT）；同时，也是人们正确理解乳状液、微乳状液和刚性粒子溶胶等多相分散体系的基本思路之一。

相对于表面张力而言，凝聚相 IFT 的直接测量显得比较困难。早期的研究中，人们建立了许多经验方程估算液-液界面的 IFT，比如，Antonow 规则、Gififalco-Good 方程和 Fowkes 方程等。原则上讲，一些测定表面张力的方法经过巧妙设计也能够测定液-液界面张力，比如滴体积法（实验一）和吊环法（实验二）。如今，旋转液滴法已经成为测定液-液界面 IFT 的主流方法，具有自动程序化计算的商业化测试装置也比较成熟。

液-固界面的形成是人们认知润湿过程的基础，很早人们就从经典热力学角度建立了润湿过程能否自发的判据公式。但是，由于缺乏固体表面张力数据，在相当长的时间内，润湿过程判据热力学公式均无实用意义。直至 Young 润湿方程建立后，上述问题方才得以解决。由此，液体在固体表面形成的接触角（θ）成为人们探索液-固界面物理化学性质的关键参数。因此，液体在固体表面形成接触角 θ 的测量技术得以重视和发展。

单分子膜可以由吸附和铺展两种策略制备，由铺展制备单分子膜早在 1774 年英国科学家 Franklin 就有记载，1917 年 Langmuir 对此也有重要而详细的研究。所有这些均属于胶体与界面化学的经典内容。

为此，本章共筛选了 5 个实验项目，分别从液-液界面张力、液体在固体表面形成的接触角、低能固体表面的润湿和铺展单分子膜等角度，供读者进行实验技术学习。

实验六　旋转液滴法测定油-水界面张力

一、实验目的

1. 理解旋转滴测量液-液界面张力的原理。
2. 学习用旋转滴界面张力仪测量油-水界面张力。

二、实验原理

可以用旋转滴界面张力仪测量液-液之间的界面张力（IFT）。旋转滴界面张力仪主要由摄像头、光源、测量窗口和毛细管（样品管）组成（见图 1），样品管在马达的带动下可以在不同的速度下旋转。SVT20 旋转滴界面张力仪的主要技术参数：转速 0～20000 $r\cdot min^{-1}$；温度 －10～130℃；界面张力 1.0×10^{-6}～2.0×10^{3} $mN\cdot m^{-1}$。Phase 1 density（高密度相密度），Phase 2 density（低密度相密度），Phase 1 refractive（高密度相折射率），Vertical Scale（放大倍数）。

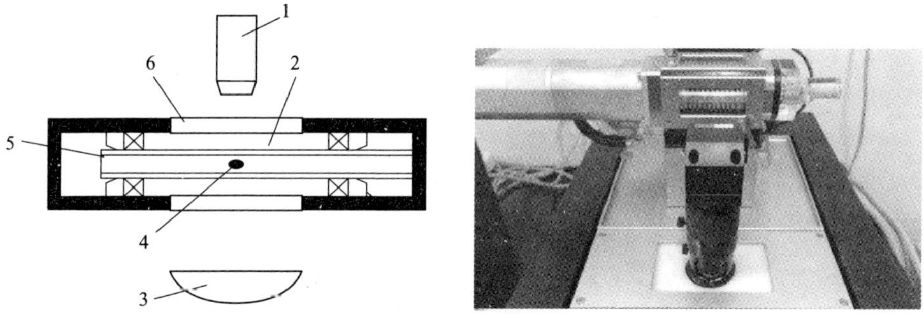

1—摄像头；2—测量室；3—光源；4—液滴；
5—毛细管(样品管)；6—测量窗口

图 1　SVT20 旋转滴界面张力仪的基本组成

样品管中装满高密度相，然后再在高密度相中注入一滴低密度相（液滴），样品管在马达的带动下转动，在离心力的作用下液滴在样品管的中心轴线上，并且可能被拉伸变形（见图 2）。

旋转滴界面张力是基于 Young-Laplace 方程获得液-液界面张力：

$$\gamma\left(\frac{1}{R_1}+\frac{1}{R_2}\right)=\frac{\Delta\rho}{2}R^2(x)\omega^2$$

式中，R_1、R_2 分别为曲面在正交方向上的两个曲率半径；$\Delta\rho$ 为两液相密度差；ω 为转速；$R(x)$ 为液滴被拉伸后垂直方向的最大半径。在液滴的变化过程中，软件的控制系统会一直追踪液滴的形状并拟合出其轮廓，同时，软件会自动算出界面张力值。

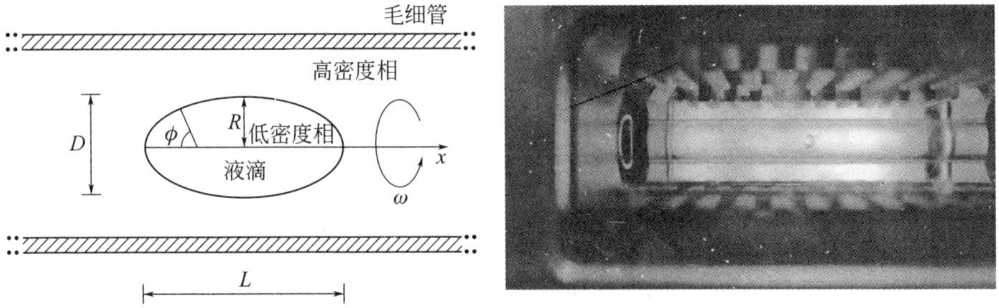

图 2　旋转时液滴在毛细管中的形状

三、实验仪器和试剂

STV20 旋转滴界面张力仪；正庚烷，无水乙醇，二次蒸馏水（电导率 $7.8\times10^{-7}S\cdot cm^{-1}$，美国 Millipore Synergy UV 二次蒸馏水系统）。

四、实验步骤[1]

1. 装置的洗涤

首先用无水乙醇对样品管洗涤 10 次，然后再用二次蒸馏水洗涤 10 次，最后用待测溶液润洗 3 次；注射油的微量进样器先用无水乙醇洗涤 50 次，再用实验中的样品油润洗 10 次。

2. 装样

先向样品管注射高密度相（二次蒸馏水），然后用微量进样器注入体积约为 0.5 μL 的正庚烷，然后盖上样品盖。特别注意：全程不能出现气泡，装样过程中产生气泡则要重新装样。随后将样品管放入测量室内。

3. 测量

（1）放样品：旋钮打到“Open”状态，顺时针拧掉右边旋盖，水平放入样品管后，旋钮打到“Close”状态，装上右边旋盖。

（2）打开软件，进行参数设置。将“Mode”设为“Manual fit”，将“Drop Type”设为“Full”，将“T”设置为 25℃，“Phase 1 density”为待测量样品（水）的密度，“Phase 2 density”为油相密度，“Phase 1 refractive”为待测量样品（水）的折射率，“Vertical Scale”为 120.57858，之后点击“Apply”。

（3）开始测量，首先调节“Illumination”大小至视野清晰，随后选中“Device Control”对话框，调节“Rotation Speed”至 $5000r\cdot min^{-1}$（每次升高 $200\sim300r\cdot min^{-1}$），期间不断调节“Camera Position”以及样品台坡度“Tilt”至液滴处在样品管中央且不再发生左右移动，如图 3 所示；随后点击工具栏相机按钮进行拍照，接着选择“Mode”中的“Manual Fit”与“Drop Type”中的

"Full"，将读数框拖到屏幕液滴上，使四边与液滴边界相切，屏幕左上角自动显示待测样品的油水界面张力值（图 4），每个样品平行测量 5 次。

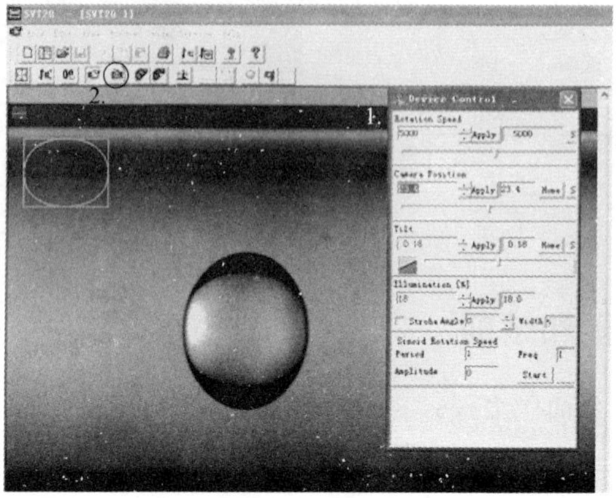

图 3　液-液界面张力测量

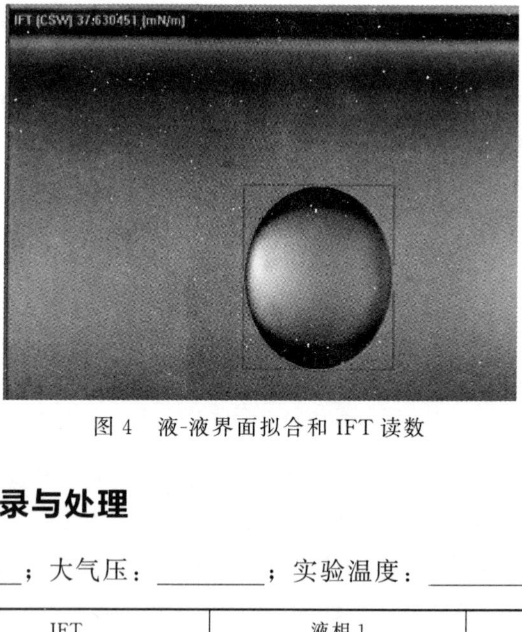

图 4　液-液界面拟合和 IFT 读数

五、数据记录与处理

室温：________；大气压：________；实验温度：________

序号	IFT	液相 1	液相 2
1			
2			
3			
4			
5			
平均值			

六、思考题

1. 若是将低密度相换成气相，该技术能否测定表面张力？

2. 若是需要研究温度对液-液界面张力的影响，将如何设计实验方案？

3. 若是待测液-液体系彼此间存在有限溶解度的互相溶解现象，如何获得准确的平衡液-液界面张力？

七、参考文献

[1] 江南大学. 溶液表面化学实验（江南大学讲义）.

实验七　平滑固体表面液体的接触角

一、实验目的

1. 理解固体表面的润湿过程、接触角和 Young（杨氏）方程。
2. 学习 OCA40 光学接触角测量仪测定接触角的方法。

二、实验原理

润湿是自然界和生产过程中常见的现象。通常将固-气界面被固-液界面所取代的过程称为润湿。将液体滴在固体表面上，由于性质不同，有的会铺展开来，有的则黏附在表面上成为平凸透镜状，这种现象称为润湿作用。前者称为铺展润湿，后者称为黏附润湿。如果液体不黏附而保持椭球状，则称为不润湿。此外，如果能被液体润湿的固体完全浸入液体之中，则称为浸湿。上述各种类型示于图 1。

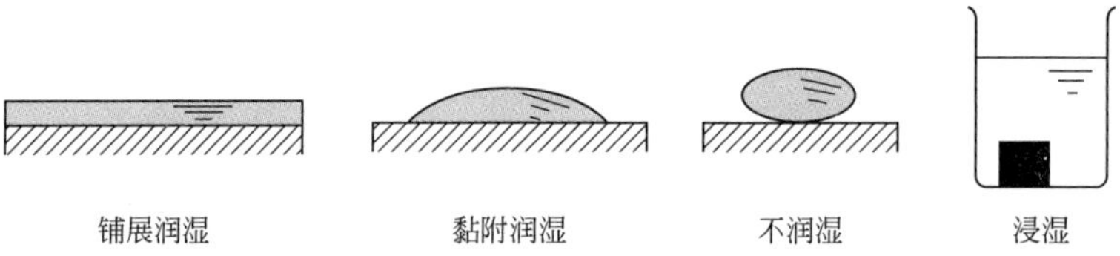

图 1　各种类型的润湿

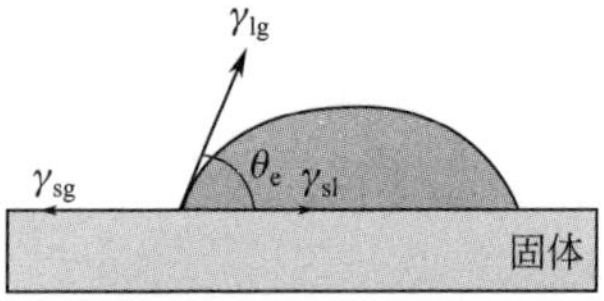

图 2　Young 润湿方程

当液体与固体接触后，体系的自由能降低。在恒温恒压下，当一液滴放置在固体平面上时，液滴能自动地在固体表面铺展开来，或以与固体表面成一定接触角的液滴存在，如图 2 所示。

假定不同的界面间力可用作用在界面方向的界面张力来表示，则当液滴在固体平面上处于平衡位置时，这些界面张力在水平方向上的分力之和应等于零，这个平衡关系就是著名的 Young 方程，即：

$$\gamma_{sg} - \gamma_{sl} = \gamma_{lg} \cdot \cos\theta \tag{1}$$

式中，γ_{sg}、γ_{lg}、γ_{sl}分别为固-气、液-气和固-液界面张力；θ 是液体在固体表面达到平衡时，在气、液、固三相交界处，自固-液界面经液体内部到气-液界面的夹角，称为接触角。

接触角的测量在材料防护、矿物浮选、注水采油、洗涤、印染、焊接等方面有重要应用。如，在选矿之前测量矿物对水的接触角，矿物对水的接触角越大，表明其疏水性越大，可浮性也越大；在一定浓度范围内，农药稀释液的表面张力与其在植被表面的接触角呈正相关，故降低药液表面张力，减小其在植被表面的接触角，可增强药液在植被表面的润湿和附着性能，有利于提高药效。决定和影响润湿作用的因素很多，固体和液体的性质及杂质、添加物的影响、固体表面的粗糙程度、不均匀性的影响、表面污染等都会影响实验的结果。在实验操作过程中，液体在基底上形成的液滴的大小对接触角的测量也有较大的影响，液滴太小受挥发影响过大，液滴太大则重力因素显著。

接触角测量方法可以按不同的标准进行分类。按照直接测量物理量的不同，可分为量角法、测力法、长度法和透过法。按照测量时三相接触线的移动速率，可分为静态接触角、动态接触角（又分前进接触角和后退接触角）和低速动态接触角。按照测试原理又可分为静止或固定液滴法、Wilhemly 板法、捕获气泡法、毛细管上升法和斜板法。其中，液滴角度测量法是最常用的，也是最直截了当的一类方法，它是在平整的固体表面上滴一滴小液滴，直接测量接触角的大小。本实验采用座滴法测量水滴在不同固体表面的液-固表面接触角。

三、实验仪器和试剂

仪器：OCA40 光学接触角测量仪。

实验材料：玻璃，聚四氟乙烯。

四、实验步骤[1]

1. 开机

（1）先打开主机开关，再点击电脑屏幕上 SCA20 操作软件快捷键，软件将进入 Live Video 界面。

（2）在 Live Video 界面，点击“file”下拉菜单在“new window”项下点开“result collection window”。

（3）点击“window”下拉菜单，点开“device control bar”，页面右方出现控制窗口，包含“Dispense units”、“EMD-Device”、“XYZ Table”、“XY plane”、“Illumination”、“Optics”、“Temperature sensor”，点开即得相应小控制窗口。

2. 显示影像

（1）在 Live Video 界面，点击激活“manual mode”（手动模式），此时画面背景颜色由蓝色转成红色。

（2）安装注射器。详见下图，程序如下：

先使用 A 键，下移注射平台；再将注射器推入 D 槽，并轻轻地旋紧右侧旋钮；然后，使用 B 键，上移注射平台，使其与注射器活塞相接触；最后，锁紧 C 活塞夹（注意：注射器安装完毕，再次点击手动模式键，恢复至电动模式）。

（3）图像聚焦。手动旋转支架台旋钮，使注射针口进入视野。先调整“Illumination”，使亮度适宜（即针口图像显示）。调整“Optics”，对图像聚焦（先手动鼠标拉滑块粗调再精调）。

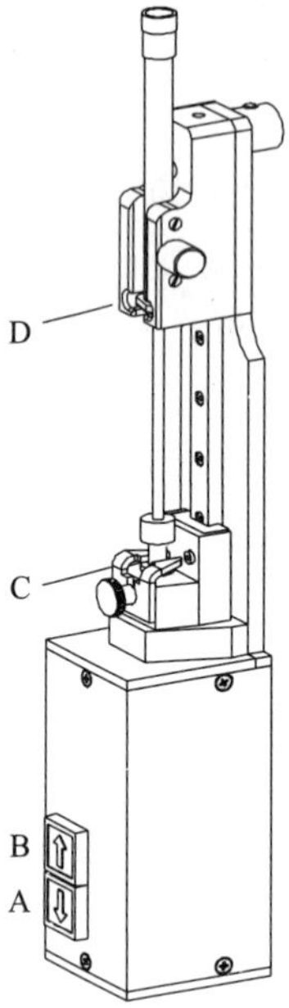

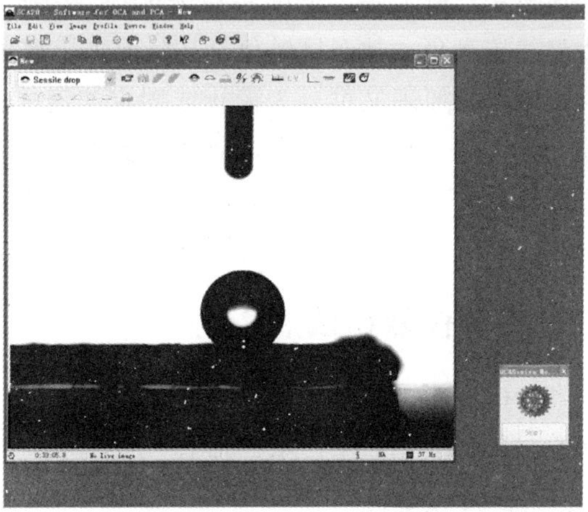

3. 接触角的测量

（1）在 Live Video 界面，静态接触角测量时，选择座滴法（Sessile drop）。动态接触角测量时，选择 Sessile drop（needle inside）方法。

（2）调整“Dispense units”，测定接触角一般液滴体积为 2～3μL；点击“dispense”键，挤出液滴。当液体已不包针形成液滴并未掉落，点击“stop”键，上移工作台将液滴接住，下移工作台。（选择小窗口边缘正确的通道，例如，单次测定应用 ES6；针尖不能触及固体样品！）

（3）图像获取与接触角计算。按键操作顺序：、、、、静态测量；接触角计算方法选择：在 Live Video 界面，点击“profile”下拉菜单，点开“compute contact angle using”选择算法。

椭圆法（Ellipse Fitting）适合于接触角 20°～120°；

宽高法（Circle Fitting）适合于接触角小于 20°，亲水材料；

杨氏方程（Young-Laplace）适合于接触角大于 120°，疏水材料；

切线法（Tangent Leaning Fitting）适合于接触角 20°～120°，液滴不对称，该法快速但不准确。

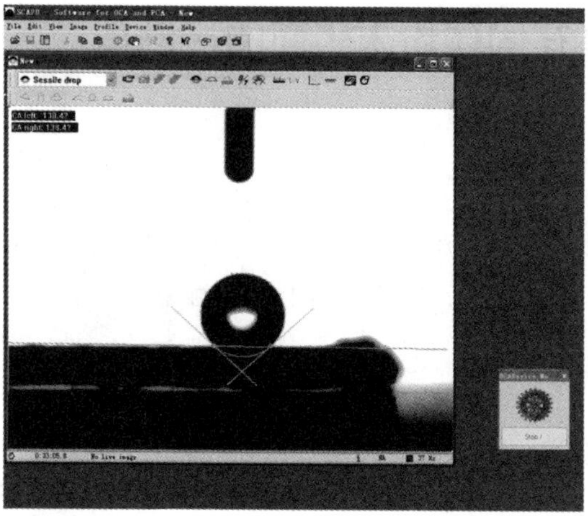

4. 结果输出与保存

在相应的结果窗界面，点击“file”下拉菜单“Save”或“Export”结果，每个样品平均测量三次。

5. 结束

闭主机电源，关闭计算机，记录仪器使用状况。

五、数据记录与处理

1. 通过 OCA40 光学接触角测量仪测得玻璃和聚四氟乙烯片表面三个不同位置的图像。

2. 同一固体表面，不同位置的接触角数据：

固体	θ_1	θ_2	θ_3	$\theta_{平均}$
玻璃				
聚四氟乙烯				

六、思考题

1. 影响在平滑固体表面液体 θ 的因素有哪些？
2. 本实验项目测试过程中可能引入误差的因素有哪些？
3. 查阅文献，何为超疏水和超亲水表面？
4. 根据所测 θ 数据，估算实验所用玻璃和聚四氟乙烯固体表面的粗糙因子。

七、参考文献

[1] 江南大学自编. 溶液表面化学实验（讲义）.

实验八　液体在固体粉末表面的接触角

一、实验目的

1. 巩固 Laplace 方程，学习 Washburn 方程，学习一种粉末接触角测定方法。
2. 测定几种液体在石墨、氧化铁粉上的接触角。

二、实验原理

基于 Young 方程，人们可以比较方便地获得液体在平滑固体表面形成的接触角 θ；但是，在生产和科研的实践中，有时需要了解液体对固体粉末的润湿性质，为此，测定液体在固体粉末表面的接触角 θ 是必要的。人们常常把液体在固体粉末表面形成的接触角称作粉末接触角。

迄今尚无一公认的准确的测定粉末接触角的标准方法，这是由于接触角滞后现象的存在以及影响接触角测量的因素繁多，更为重要的是，测试结果难以完全重复以及粉末接触角测定的间接性。

已知液体在毛细管中液面上升的驱动力是液体润湿毛细管壁形成凹液面两侧存在的压强差 ΔP。因此，只有液体在固体上的接触角 θ 小于 90°才能发生毛细上升现象。根据 Laplace 公式：

$$\Delta P = 2\gamma\cos\theta / r \tag{1}$$

只要已知液体的表面张力 γ、毛细管半径 r 和压强差 ΔP，即可求出接触角 θ。

可以将固体粉末均匀地装入圆柱形玻璃管中所形成的多孔堆积结构看作是平均半径为 r 的毛细体系；而多孔塞毛细孔平均半径可用完全润湿的液体（$\theta = 0°$）所测出的 ΔP 求出，此时 $\cos\theta = 1$。本实验是利用待测液体在由固体粉末所形成的多孔堆积结构中毛细上升的速度计算接触角 θ。

若一液体由于毛细作用渗入半径为 r 的毛细管中，在 t 时间内液体流过的长度 l 可用 Washburn 方程描述：

$$l^2 = \frac{\gamma r t \cos\theta}{2\eta} \tag{2}$$

式中，γ 为液体的表面张力；θ 为液体与毛细管壁的接触角；η 为液体的黏度。将式（2）应用于粉末形成的多孔堆积结构，则有：

$$h^2 = \frac{(C\bar{r})\gamma t \cos\theta}{2\eta} \tag{3}$$

式中，$\bar{r}$ 为粉末多孔堆积结构中毛细孔道的平均半径；C 为毛细因子；h 为液面在 t 时间内上升的高度。当粉末堆积密度恒定时，$C\bar{r}$ 可看作定值，为仪器参数。

先选择一已知表面张力和黏度且能完全润湿粉末（$\theta=0°$）的液体进行实验，测定不同时间 t 内液面上升的高度 h，作 h^2-t 图，根据式（3），h^2-t 之间应当呈直线关系，由该直线的斜率可求出（$C\bar{r}$）。

在保持相同的粉末堆积密度的条件下，测定其他待测液体在此粉末多孔堆积结构中的 h 与 t 关系，按照式（3）处理即可求得接触角 θ。当然，待测液的表面张力和黏度值应为已知值。

液体与固体粉末间的黏附功 W_{SL} 可由式（4）计算：

$$W_{SL}=\gamma(1+\cos\theta) \tag{4}$$

三、实验仪器和试剂

长约 15cm、直径约 0.8cm 的玻璃管，秒表，250mL 烧杯；石墨粉，γ-Fe_2O_3 粉末，重蒸水，苯，正己烷，正庚烷，十六烷，丙酮，乙醇，环己烷和氯仿。

四、实验步骤

1. 将选好的玻璃管洗净，两端磨平。管上标记上刻度（可粘上小窄条坐标纸），管的一端用小块脱脂棉封住（或用滤纸）。有条件的实验室可以用带有砂芯截留的玻璃色谱柱改装成上述脱脂棉封堵的玻璃管。称取一定质量的固体粉末填充到上管中，相同质量的同一种固体粉末样品，每次都必须填充到相同高度以保证粉末堆积密度恒定。

2. 将润湿液体放在烧杯中，按图 1 装好仪器，玻璃管必须垂直于液面，当填装有粉末的玻璃管刚一接触液面时开始计时，每间隔一定时间（如 1min）记录液面上升的高度 h。

3. 已知苯可完全润湿石墨粉（即 $\theta=0°$），按上述步骤测定苯润湿石墨的 h 与 t 关系数据。

4. 按照步骤 1 和步骤 2，在相同的粉末装填堆积密度条件下，依次测定水、正己烷、正庚烷、十六烷、丙酮、乙醇、环己烷、氯仿对石墨润湿的 h 与 t 关系数据。

5. 已知环己烷可完全润湿 γ-Fe_2O_3 粉末，先测定环己烷润湿 γ-Fe_2O_3 的 h-t 关系数据，再依次测定其他液体样品的数据。

6. 由于室温条件下接触角的温度系数不大，故全部实验可在室温下进行。

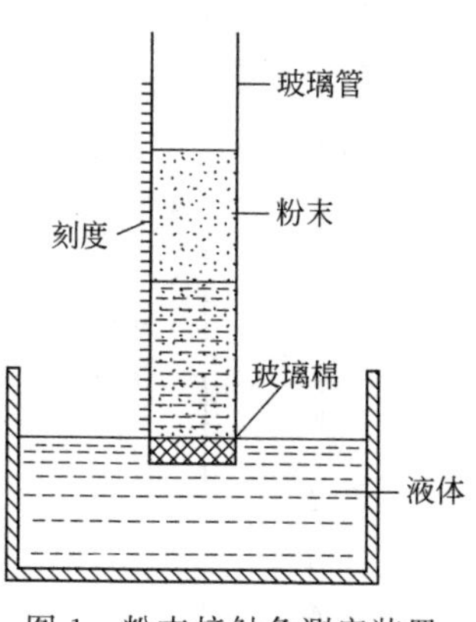

图 1　粉末接触角测定装置示意图

五、数据记录与处理

1. 根据测定出的苯润湿石墨粉的数据，作 h^2-t 图，由直线的斜率和苯的 γ、η 值（见附表 1）依式（3）求出仪器常数 $C\bar{r}$。已知苯在石墨上的接触角为 0°。

2. 根据其他各种液体润湿石墨的数据，作各自的 h^2-t 图，由各直线的斜率、各液体的 γ（见附表 2）、η 值和上述 1 求出的仪器常数，计算各种液体在石墨粉上的接触角。

3. 根据环己烷润湿 γ-Fe_2O_3 的毛细升高 h 和时间 t 关系数据，作 h^2-t 图，依式（3）求出此体系的仪器常数，再据上述 2 中的类似方法，求出其他各种液体在 γ-Fe_2O_3 粉上的接触角。

4. 依式（4）计算各种液体对石墨粉和 γ-Fe_2O_3 的黏附功 W_{SL}。

六、思考题

1. 本实验项目过程中的主要误差来源有哪些？

2. 如何根据本实验所述之方法用于估算土壤中水的毛细上升高度？

3. 若将实验用水改成阳离子表面活性剂水溶液，请估测所得结果与本实验所得结果的区别，可能的原因是什么？

七、参考文献

[1] 马季铭，吴佩强，迟震寰，商乐维. γ-Fe_2O_3 的表面润湿性与其悬浮液的稳定性. 应用化学，1986，3（4）：17-21.

[2] 北京大学化学系胶体化学教研室. 胶体与界面化学实验. 北京：北京大学出版社，1993.

附表 1　部分液体在不同温度时的黏度

液体	黏度 $\eta/10^2 Pa \cdot s$						
	0℃	10℃	20℃	30℃	40℃	50℃	60℃
苯胺	—	6.55	4.48	3.19	2.41	1.89	1.56
丙酮	3.97	3.61	3.25	2.96	2.71	2.46	—
乙腈	—	—	2.91	2.78	—	—	—
苯乙酮	—	—	—	15.11	12.65	11.00	—
苯	9.00	7.57	6.47	5.66	4.82	4.36	3.95
溴苯	15.20	12.75	11.23	9.86	8.90	7.90	7.20
水	17.92	13.10	10.09	8.00	6.54	5.49	4.69
己烷	3.97	3.55	3.20	2.90	2.64	2.48	2.21
甘油	121.10	39.50	14.80	5.87	3.30	1.80	1.02
乙醚	2.79	2.58	2.34	2.13	1.97	1.80	1.66
甲醇	8.17	—	5.84	—	4.50	3.96	3.51

续表

液体	黏度 $\eta/10^2 Pa \cdot s$						
	0℃	10℃	20℃	30℃	40℃	50℃	60℃
硝基苯	30.90	23.00	20.30	16.34	14.40	12.40	10.90
氮杂苯	13.60	11.30	9.58	8.29	7.24	6.39	5.69
汞	16.85	16.15	15.54	14.99	14.50	14.07	13.67
甲苯	—	6.68	5.90	5.26	4.67	—	—
乙酸	—	—	12.20	10.40	9.00	7.40	7.00
氯苯	10.60	9.10	7.94	7.11	6.40	5.71	5.20
氯仿	6.99	6.25	5.68	5.14	4.64	4.24	3.89
四氯化碳	13.29	11.32	9.65	8.43	7.39	6.51	5.85
乙醇	17.85	14.51	11.94	9.91	8.23	7.01	5.91

附表 2　部分液体在不同温度时的表面张力

液体	表面张力 $\gamma/mN \cdot m^{-1}$						
	0℃	10℃	20℃	30℃	40℃	50℃	60℃
苯胺	45.42	44.38	43.30	42.24	41.20	40.10	38.40
丙酮	25.21	25.00	23.32	22.01	21.16	19.90	18.61
乙腈	—	—	29.10	27.80	—	—	—
苯乙酮	—	39.50	38.21	—	—	—	—
苯	—	30.26	28.90	27.61	26.26	24.98	23.72
溴苯	—	36.34	35.09	—	—	—	—
水	75.64	74.22	72.25	71.18	69.56	67.91	66.18
己烷	20.52	19.40	18.42	17.40	16.35	15.30	14.20
甘油	—	—	63.40	—	—	—	—
乙醚	—	—	17.40	15.95	—	—	—
甲醇	24.50	23.50	22.60	21.80	20.90	20.10	19.30
硝基苯	46.40	45.20	43.90	42.70	41.50	40.20	39.00
氮杂苯	—	—	38.00	—	35.00	—	—
甲苯	30.80	29.60	23.53	27.40	26.20	25.00	23.80
乙酸	29.7	28.80	27.63	26.80	25.80	24.65	23.80
氯苯	36.00	34.80	33.28	32.30	31.10	29.90	28.70
氯仿	—	28.50	27.28	25.89	—	—	21.73
四氯化碳	29.38	28.05	26.70	25.54	24.41	23.22	22.38
乙醇	24.05	23.14	22.32	21.48	20.60	19.80	19.01
正庚烷	—	21.12	20.14	19.17	18.18	17.20	16.22
十六烷	—	—	27.47	26.62	25.76	24.91	24.06
环己烷	—	26.43	25.24	24.06	22.87	21.68	20.49

实验九　不溶物铺展单分子膜

一、实验目的

1. 学习单分子膜的概念，了解不溶物单分子膜的各种状态。
2. 学习溶剂挥发法制备不溶物铺展单分子膜的方法。
3. 学习用一种简易方法粗略地测定两亲性水不溶有机物的分子截面积。

二、实验原理[1,2]

表面活性剂分子具有亲水-亲油的独特双亲结构。通常，水溶性表面活性剂的亲水基团具有较强的亲水性。而另一类双亲分子如长链脂肪酸、脂肪醇等，其亲水基的亲水性相对较弱，不足以使整个分子溶于水。但如果将它们溶于易挥发溶剂，再滴于洁净的水面上，则能在水面上铺展。当溶剂挥发后，剩下双亲化合物形成一层不溶性薄膜，称为不溶物单分子膜，或叫铺展单分子膜。由于此薄膜仅有一个分子的厚度，因此又称为单分子层。能在水面形成单分子膜的物质称为成膜物质，它们在液面上作定向排列，亲水基向着水相而疏水基则远离水相；当排列紧密时，分子几乎呈直立状态，每个分子所占的面积几乎就是分子的截面积。因此利用单分子膜实验能测定成膜物质的分子截面积：

$$a_{\infty}=\frac{AM}{WN_0} \tag{1}$$

式中，a_{∞}为成膜物质的分子面积；A 为单分子膜的总面积；M 为成膜物质的分子量；W 为成膜物质的质量，g；N_0 为 Avogadro 常数。

若成膜物质的密度已知（设为 d），则可求出成膜物质的分子长度 δ：

$$\delta=\frac{M}{da_{\infty}N_0} \tag{2}$$

单分子膜具有二维压力，称为表面压。一旦水面上存在单分子膜，水的表面张力即显著下降。纯水的表面张力与成膜后水的表面张力之差即为表面压。测定成膜后水的表面张力即可计算出表面压。表面张力测定同样可采用 Whilhemy 吊片法和 Du Noüy 吊环法。

为了形成单分子膜，通常不能将成膜物质直接加在水面上，而是将其溶于易挥发溶剂如苯、石油醚中，配成极稀的溶液，逐滴滴于水面上。待溶剂挥发后，成膜物质的分子就在水面上铺展开来。监控滴加到洁净水面上每滴溶液挥发至完全的时间。通常，水面上铺展单分子膜的局部形成时，每滴溶液均滴加在洁净的水表面，溶液挥发比较迅速；但是，当水面被铺展单分子膜占据至饱和时，滴加溶液的挥发速度急剧减慢，挥发至完全的时间急剧增加。若以滴加溶液体积 V(mL) 为横轴，液滴挥发时间 t(s) 为纵轴，将得到如图 1 所示的图形。

三、实验仪器和试剂

正方形玻璃框（面积约 300cm^2），秒表，100mL 容量瓶（4 只），电子分析天平（精度 1mg），大号搪瓷盘，小号搪瓷盘，微量酸式滴定管，刻度钢尺（精确刻度到毫米），去离子水，滑石粉，硬脂酸，十八醇，棕榈酸，胆固醇和苯。

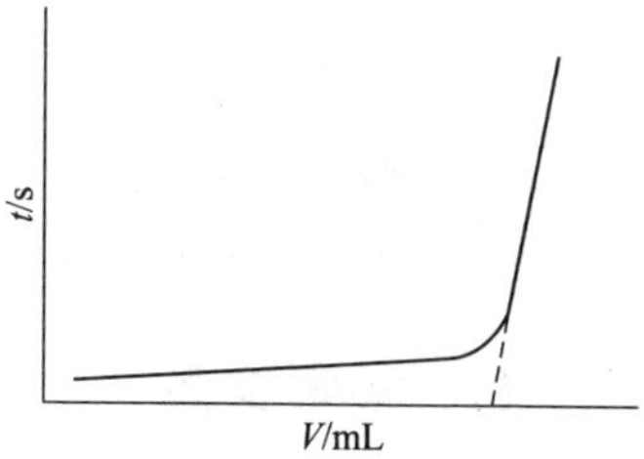

图 1　溶剂挥发时间随滴加体积的变化

四、实验步骤

1. 溶液配制

准确称取硬脂酸（或者十八醇、棕榈酸和胆固醇）0.100g，溶于苯中稀释到 100mL。吸取此溶液 10mL 稀释到 100mL，则溶液的浓度为 $c=0.1\text{mg}\cdot\text{L}^{-1}$。将溶液贮存于磨口瓶中，置于阴凉处，以防止溶剂挥发而导致溶液浓度变化。

2. 准备洁净水面

取一个小搪瓷盘洗净烘干，并趁热将已预先熔化的石蜡倒满搪瓷盘的边缘，力求均匀平整。再取一个大些的搪瓷盘，将小搪瓷盘放于其中，注满蒸馏水，使水面略高于盘边。均匀轻洒少许滑石粉于小搪瓷盘的一端水面，然后将滑石粉轻轻吹向另一端并流出小搪瓷盘。重复操作三次，由此除去水面上的不洁物、油污等，达到清洁水面的目的（实验中要严格防止水面被其他油脂污染）。

用玻璃框固定成膜面积（正方形或长方形），一般不小于 300cm^2。用钢尺准确测量边长，计算所围的面积。

3. 铺展

将配好的硬脂酸等的苯溶液注入微量滴定管中，然后逐滴滴在围成的水面上，最好不要滴在固定的地方。每滴入 1 滴，仔细观察苯的挥发及硬脂酸的铺展，用秒表测量每 1 滴溶液中苯挥发完全所需要的时间，同时记下溶液的体积。直至挥发时间明显变长，此时认为水面上成膜物质铺展单分子膜达到饱和。重复清洁水面和铺展操作 3～6 次。

五、数据记录与处理

1. 以滴加的溶液体积为横坐标，以每滴溶剂挥发时间为纵坐标作图（如图 1 所示）。从曲线上找到苯挥发时间突变时滴加的总体积 V(mL)。

2. 已知十八醇、硬脂酸、棕榈酸和胆固醇的分子量分别为 270.5、284.5、

256.4 和 386.7，密度分别为 0.8124g·cm^{-3}、0.847g·cm^{-3}、0.849g·cm^{-3} 和 1.067g·cm^{-3}。此外，所滴加溶液的浓度已知，依据“二、实验原理”部分的相关公式即可求出成各膜物质的分子截面积 a_∞ 和分子长度 δ。

六、思考题

1. 对所得实验结果进行分析比较，并给予适当的讨论和解释。
2. 本实验项目完成过程中有哪些因素可能导致实验误差？
3. 铺展单分子膜的可能应用领域有哪些？

七、参考文献

[1] 江南大学自编. 溶液表面化学实验（讲义）.

[2] 北京大学化学系胶体化学教研室. 胶体与界面化学实验. 北京：北京大学出版社，1993.

实验十 低能固体表面的润湿临界表面张力

一、实验目的

1. 了解低能固体表面润湿临界表面张力的意义。

2. 用 Zisman 方法测定石蜡、聚乙烯、聚氯乙烯、聚甲基丙烯酸甲酯等聚合物固体表面的润湿临界表面张力。

二、实验原理

自润湿热力学方程可知，固体的表面自由能越大，则越易于被液体所润湿。固体的表面自由能至今仍难以直接精确测定，一般只能知道一大致的范围。已知，一般液体（除汞外）的表面张力均在 $100mN \cdot m^{-1}$ 以下，故常以此值为边界，将固体表面分为两类。固体表面张力大于 $100mN \cdot m^{-1}$ 的称为高能表面，一般金属及其氧化物、硫化物、无机盐皆属此类；固体表面张力低于 $100mN \cdot m^{-1}$ 的称为低能表面，比如有机固体和聚合物固体表面。

近几十年来，高聚物在生产和生活中得到广泛应用，因而促进了对低能固体表面润湿作用的研究。Zisman 等人发现，同系有机液体在同一低能固体表面上的接触角 θ 随液体表面张力的降低而变小，且 $\cos\theta$ 与液体表面张力 γ_L 作图可得一直线，该直线外延至 $\cos\theta=1$ 之处，所对应的表面张力称为此低能固体表面的润湿临界表面张力，以 γ_c 表示。若采用非同系有机液体，$\cos\theta$ 与 γ_L 之间也常常呈直线或一窄带（图 1）。将此窄带延至 $\cos\theta=1$ 处，相应的 γ_L 的下限即为 γ_c。临界表面张力的意义是，凡表面张力小于 γ_c 的液体皆能在此固体表面上自行铺展，而表面张力大于 γ_c 的液体不能自行铺展；γ_c 值越大，在此固体表面上能自行铺展的液体越多，其润湿性质越好。因此，γ_c 是表征低能固体表面可被润湿性质的

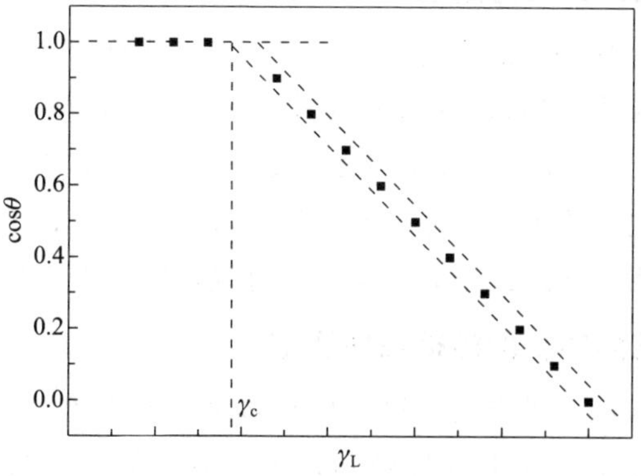

图 1 低能固体表面的（润湿）临界表面张力

经验参数。

实验结果表明，高聚物固体的润湿性质与其分子的元素组成有关。各种元素原子的加入对润湿性的影响有如下次序：

$$F<H<Cl<Br<I<O<N$$

且同一元素的原子取代越多，效果越明显。实验结果还表明，决定固体表面润湿性质的只是固体表面层原子或原子团的性质及排列状况，而与体相结构无关。换言之，只要能改变固体表面性质就可改变其润湿性质。

三、实验仪器和试剂

接触角测量仪，吊环法表面张力测定仪；微量注射器，镊子，玻璃载片，烧杯，坩埚，容量瓶，表面皿；石蜡，聚乙烯、聚氯乙烯、聚四氟乙烯、聚甲基丙烯酸甲酯薄片；正壬烷，正癸烷，正十二烷，正十四烷，正十六烷；甲基苯，乙基苯，丙基苯，丁基苯，己基苯；丁醇，己醇，辛醇，乙二醇，苯甲醇。

四、实验步骤

1. 平滑石蜡表面的制备

将玻璃载片洗干净并晾干后浸入熔融石蜡中，用镊子夹住一角取出，挖去多余石蜡，待表面上的石蜡凝固后备用。

2. 有机固体表面的清洗和干燥

将聚乙烯、聚氯乙烯、聚四氟乙烯和聚甲基丙烯酸甲酯片或膜（表面必须平整）先用中性洗涤剂清洗，再用大量水和重蒸水冲洗，晾干备用。各固体样品最好置于保干器中，随用随取，切忌用手或其他可能引起表面污染的物体触动样品表面。

3. 有机液体表面张力的测定

室温条件下，用环法表面张力测定仪测定烷烃系列（正壬烷，正癸烷，正十二烷，正十四烷，正十六烷）、烷基苯系列（甲基苯，乙基苯，丙基苯，丁基苯，己基苯）、醇类系列（丁醇，己醇，辛醇，乙二醇，苯甲醇）各有机液体的表面张力。应当注意的是，更换有机液体时所用盛液体的表面皿及铂环必须彻底清洗干净。铂环在洗净后浸于丙酮中，再用煤气灯烧红以除去残存的有机物。

4. 有机液体在固体表面的接触角测定

用接触角测量仪测定各系列有机液体在石蜡、聚乙烯、聚氯乙烯、聚四氟乙烯、聚甲基丙烯酸甲酯表面上的接触角，每种液体的接触角都需重复多次取平均值。

五、数据记录与处理

1. 按下表列出所得数据。

固体	
有机液体名称	
有机液体 γ_L/mN · m^{-1}	
接触角 θ/(°)	
$\cos\theta$	

2. 作各体系的 $\cos\theta$-γ_L 图，并外推到 $\cos\theta=1$ 处，求出各低能固体表面的润湿临界表面张力 γ_c 值。

六、思考题

1. 比较各固体的 γ_c 值，讨论所得结果。
2. 本项目实验过程中哪些因素可以产生测量误差？
3. 依据第 2 题所列举的任一误差来源，简介避免误差的有效措施。

七、参考文献

[1] 北京大学化学系胶体化学教研室. 胶体与界面化学实验. 北京：北京大学出版社，1993.

III

表面活性剂在水溶液的表面吸附和体相自组装

表面活性剂分子具有独特的亲水-亲油两亲结构，能够在溶液表面发生吸附作用，从而可以有效地降低水溶液的表面张力；在气流或搅拌作用下可以形成泡沫；表面活性剂浓度达到其临界胶束浓度（*cmc*）以上时，能够在溶液体相自组装，形成胶束、囊泡等表面活性剂的有序分子自组装体，从而具有增溶等功能；不同类型的表面活性剂在水中具有不同的溶解特性，比如，离子型表面活性剂在温度达到Krafft点及以上时，可以以胶束的形式溶解于水中，而非离子型表面活性剂在低温下水溶性较好，当温度升高至浊点时，溶解度下降而从水溶液中析出。

本章总共安排了13个实验项目，分别从表面活性剂的溶解特性，降低溶液表面张力、*cmc*和胶束平均聚集数等关键参数，自发囊泡以及表面活性剂分子结构与性质之间的构效关系等角度，围绕表面活性剂在水溶液的表面吸附和体相自组装展开实验探究。

实验十一　表面活性剂的 Krafft 点和浊点

一、实验目的

1. 掌握离子表面活性剂 Krafft 点和非离子型表面活性剂浊点的测定方法。

2. 了解添加剂对非离子型表面活性剂浊点的影响。

3. 理解离子型表面活性剂 Krafft 点和非离子型表面活性剂浊点的意义。

二、实验原理

离子型表面活性剂在水中的溶解度通常随温度的升高而缓慢增加，当达到某一特定温度后，溶解度突然猛增；当温度低于该温度时，表面活性剂的溶解度随之降低，这一温度称为离子型表面活性剂的临界溶解温度，又称 Krafft 点。业已证明，温度达到 Krafft 点及以上时，表面活性剂以胶束的形式溶解于水中；当温度低于 Krafft 点时，与常见水溶性离子化合物相似，表面活性剂以单体的形式溶解[1-2]。

就脂肪醇聚氧乙烯醚型（AEO_n）非离子表面活性剂而言，EO 链段与水分子之间形成分子间氢键，从而使 AEO_n 溶解于水中。随着溶液温度升高，分子间氢键断裂，AEO_n 的溶解度降低，当升高到某一特定温度时，浓度为 1%（质量分数）的 AEO_n 水溶液可以观察到突然变浑浊的现象；当温度低于该特定温度时，溶液又可恢复为澄清透明，这一温度称为非离子型表面活性剂的浊点[1-2]。

实践表明，Krafft 点和浊点分别是离子型和非离子型表面活性剂的特性常数之一，它从一定程度上表征了表面活性剂在水中的溶解性能。通常，Krafft 温度越低、浊点越高分别表明离子型和非离子型表面活性剂的水溶性越好。表面活性剂本身的分子结构、外加无机盐和有机化合物等均可以影响 Krafft 点或浊点。对非离子型表面活性剂而言，无机盐的存在和极性有机物的添加可使其浊点明显降低。测定表面活性剂的 Krafft 点和浊点的方法主要有分光光度法[3]和目视沉淀（浑浊）法[4]。

三、实验仪器和试剂

分析天平，电炉，温度计（分刻度 0.1℃），大试管，烧杯等。

十二烷基磺酸钠（AS），OP 乳化剂，直链烷基苯磺酸钠（LAS），氯化钠，二次蒸馏水（电导率 $7.8\times10^{-7}S\cdot cm^{-1}$，美国 Millipore Synergy UV 二次蒸馏水系统）。

四、实验步骤

1. 离子型表面活性剂 Krafft 点的测定

称取一定量的 AS 于 100mL 烧杯中，配制成 1%（质量分数）的 AS 水溶液。取 20mL 上述 AS 水溶液于大试管中，在水浴中加热并搅拌至溶液变澄清透明，记录此时的温度 T_1，然后在冷水浴中继续搅拌降温至溶液中有晶体析出为止，记录此时的温度 T_2。重复上述步骤三次，记录温度，求取平均值。

2. 非离子表面活性剂浊点的测定

称取一定量的 OP 乳化剂于 100mL 烧杯中，配制成 1%（质量分数）的 OP 乳化剂水溶液。取 20mL 上述 OP 乳化剂水溶液于大试管中，在水浴中加热并搅拌，仔细观察溶液透明度的变化。当溶液出现第一丝浑浊时，记录此时的温度 T_3；继续加热至溶液完全浑浊后，停止加热，取出大试管边搅拌边冷却降温，记录溶液变澄清时的温度 T_4。重复上述步骤三次，记录温度，求取平均值。

3. 添加剂对非离子表面活性剂浊点的影响

（1）取 20mL 上述 OP 乳化剂水溶液于大试管中，加入 0.1g 氯化钠，充分溶解后，按照步骤 2 测定该体系的浊点。

（2）取 20mL 上述 OP 乳化剂水溶液于大试管中，加入 1%（质量分数，下同）LAS 水溶液 1～3 滴，按照步骤 2 测定该体系的浊点。继续加入 1% LAS 水溶液 2.5mL，按照步骤 2 测定该体系的浊点。

五、数据记录与处理

1. 离子表面活性剂的 Krafft 点

序号	T_1/℃	T_2/℃	平均值
1			
2			
3			
平均值			

2. 非离子表面活性剂的浊点

序号	OP 乳化剂水溶液		加入 0.1g 氯化钠		加入 1～3 滴 LAS 水溶液		加入 2.5mL LAS 水溶液	
	T_3/℃	T_4/℃	T_3/℃	T_4/℃	T_3/℃	T_4/℃	T_3/℃	T_4/℃
1								

续表

序号	OP乳化剂水溶液		加入0.1g氯化钠		加入1～3滴LAS水溶液		加入2.5mL LAS水溶液	
	T_3/℃	T_4/℃	T_3/℃	T_4/℃	T_3/℃	T_4/℃	T_3/℃	T_4/℃
2								
3								
平均值								

六、思考题

1. 升温法和降温法测定非离子型表面活性剂的浊点是否存在差别？
2. 非离子型表面活性剂浊点高于100℃时如何测定？
3. 如何提高非离子型表面活性剂的浊点？

七、参考文献

[1] 颜肖慈，罗明道. 界面化学. 北京：化学工业出版社，2004.

[2] 崔正刚. 表面活性剂、胶体与界面化学基础. 北京：化学工业出版社，2013.

[3] Chu Z，Feng Y. Empirical correlations between Krafft temperature and tail length for amidosulfobetaine surfactants in the presence of inorganic salt. Langmuir，2012，28：1175-1181.

[4] Hatō M，Shinoda K. Krafft points of calcium and sodium dodecylpoly（oxyethylene）sulfates and their mixtures. J Phys Chem，1973，77：378-381.

实验十二 Zeta电位法测定两性表面活性剂的等电点

一、实验目的

1. 掌握 Zeta 电位的测试原理以及 Zeta 电位仪的使用。
2. 掌握 Zeta 电位测定两性表面活性剂等电点的方法。

二、实验原理

分散于液相介质中的固体颗粒，由于吸附、水解、离解等作用，其表面常常是带电荷的。Zeta 电位是描述胶粒表面电荷性质的一个物理量，它是距离胶粒表面一定距离处的电位。若胶粒表面带有某种电荷，其表面就会吸附相反符号的电荷，构成双电层。在滑动面处产生的动电电位叫作 Zeta 电位，这就是我们通常所测的胶粒表面的（动电）电位[1-4]。

两性表面活性剂与天然两性化合物氨基酸、蛋白质一样，在分子中同时含有不可分离的正、负电荷中心，在溶液中显示独特的等电点性质。以烷基甘氨酸型表面活性剂为例，在不同 pH 范围内该两性表面活性剂在阳离子型、两性离子型和阴离子型三种离子型式之间转换，在溶液中存在着下列平衡：

$$[R\overset{+}{N}H_2CH_2COOH]\ Cl^- \underset{}{\overset{HCl}{\rightleftharpoons}} R\overset{+}{N}H_2CH_2COO^- \underset{}{\overset{NaOH}{\rightleftharpoons}} RNHCH_2COO^-\ Na^+$$

阳离子型	两性离子型	阴离子型
pH＜pI	pH＝pI	pH＞pI

在外加电场中，以阴离子形式存在的两性表面活性剂会向阳极迁移，以阳离子形式存在的两性表面活性剂会向阴极迁移，而以内盐形式存在的两性表面活性剂不会向两极迁移，此时溶液的 pH 值称为两性表面活性剂的等电点（pI）。

三、实验仪器和试剂

ZetaPALS 型 Zeta 电位及纳米粒度分析仪，比色皿，钯电极，分析天平，烧杯等。

柠檬酸，柠檬酸钠，十二烷基氨基丙酸钠，二次蒸馏水（电导率 7.8×10^{-7} $S\cdot cm^{-1}$，美国 Millipore Synergy UV 二次蒸馏水系统）。

四、实验步骤

1. 溶液的配制

配制 pH 值分别为 2.5、3.5、5.5、6.5 的 $0.1mol\cdot L^{-1}$ 柠檬酸-柠檬酸钠缓

冲溶液溶液，然后用上述不同 pH 的缓冲溶液分别配制 0.1mol·L^{-1} 十二烷基氨基丙酸钠溶液。

2. Zeta 电位的测定

(1) 打开仪器后面的开关及显示器。

(2) 打开 BIC Zeta potential Analyzer（水相体系）/BIC PALS Zeta potential Analyzer（有机相）程序，选择所要保存数据的文件夹（File-Database-Create Flod 新建文件夹，“File-Database”-双击所选文件夹-数据可自动保存在此文件夹），待机器稳定 15～20min 后使用。

(3) 待测溶液配制完成后需放置一段时间进行 Zeta 电位测试，将待测液加入比色皿 1/3 高度处，赶走气泡，钯电极插入溶液中，拿稳钯电极上端和比色皿下端，不要让两者脱离，连上插头，关上仪器外盖，则开始实验。（AQ-961 钯电极用于 pH 为 2～12 的水相体系，SR-482 钯电极用于有机相和 pH 为 1～13 的水相体系，钯电极可在溶液中浸润一会儿。）

(4) 对于水相体系，点击 BIC Zeta potential Analyzer 程序界面“parameters”，对测量参数进行设置：“Sample ID”输入样品名；“Cycles”扫描次数（一般是 3），“Runs”扫描遍数（一般是 3），“Inter Cycle Delay”停留时间（一般是 5s），“Temperature”设置温度（5～70℃），“Liquid”选择溶剂（“Unspecified”是未知液，可输入“Viscosity”、“Ref Index”和“Dielectric Constant”值，可查文献，其中“Ref Index”可由阿贝折射仪测得，“Dielectric Constant”可由介电常数仪测得），其他不用填。

对于有机相体系，点击“BIC PALS Zeta potential Analyzer”程序界面 parameters，Runs 和 Cycles 要设置多次，一般是 5 和 20；Zeta potential model 选 Huchel（有机相用），Smoluchowski（电导率 10000～20000μS·cm^{-1} 的水相用），其他参数同上。Setup-Instrument Parameters-Voltage 改成 User：可填 10、40、60、80 四个数据试着做。

(5)“Start”开始测量，程序界面中选择“Zeta Potential”是 Zeta 电位，选“Mobility”是电泳迁移率，“Frequency Shift”是频率迁移，“Frequency”是频率。程序界面右下角“Conductance”是电导率，一般范围在几十到几千 μS·cm^{-1}，电导率不能超过 10000μS·cm^{-1}，若在 10000～20000μS·cm^{-1}，用 BIC PALS Zeta potential Analyzer 软件进行测试。

(6) 按上述操作进行下一个样品的测量。

(7) 待全部样品测量完毕后取出钯电极，关机，结束实验。

五、数据记录与处理

1. 数据记录

室温：________；大气压：________；实验温度：________

序号	pH	Zeta 电位/mV			
		(1)	(2)	(3)	平均值
1					
2					
3					
4					

2. 数据处理

作 pH-Zeta 电位关系曲线，根据曲线与横坐标轴的交点确定两性表面活性剂十二烷基氨基丙酸钠的等电点。

六、思考题

1. 根据等电点，分析不同类型的两性表面活性剂在不同 pH 范围内的存在形式？

2. 除 Zeta 电位法外，还可以用什么方法测定两性表面活性剂的等电点？

3. 两性表面活性剂的等电点对其性能的影响如何？

七、参考文献

[1] 沈钟，赵振国，王果庭. 胶体与表面化学. 第 3 版. 北京：化学工业出版社，1994.

[2] 方云，夏咏梅. 两性表面活性剂（一）：两性表面活性剂概述. 日用化学工业，2000，30：53-55.

[3] Hidaka H，Koike T，Kurihara M，et al. Preparation and properties of new tetrafunctional amphoteric surfactants bearing amino，carboxyl，and hydroxyl groups and an ether bond. J Surfactants Deterg，2003，6：131-136.

[4] 王泽云，张淑芬，齐丽云，等. α-癸基甜菜碱的表面活性和胶体性质. 日用化学工业，2009，39：85-88.

实验十三　表面活性剂水溶液的泡沫

一、实验目的

1. 理解表面活性剂的发泡和稳泡作用。

2. 掌握测定表面活性剂水溶液发泡、稳泡能力的方法。

3. 学会罗氏泡沫仪的使用。

二、实验原理[1-5]

气体以微米至毫米级小气泡的形式分散在液体中形成泡沫，它是一种气/液分散体系。表面活性剂水溶液是一种简单的易于形成泡沫的体系。表面活性剂的发泡能力是指其瞬间产生泡沫的能力，而稳泡能力是指泡沫的持久性。表面活性剂通常都是很好的发泡剂，但不一定都是很好的稳泡剂。

泡沫制备和表征的最简单方法是将一定浓度的表面活性剂水溶液放入具塞量筒中，盖上盖子，上下振摇一定次数，然后读取泡沫体积并观察泡沫体积随时间的变化情况。首次读取的泡沫体积用于表征表面活性剂的发泡能力，而一定时间后的泡沫体积用于表征表面活性剂的稳泡能力。

测定表面活性剂水溶液发泡、稳泡能力的标准方法之一是使用罗氏泡沫仪，其结构如图 1 所示。恒温条件下在一个内径 50mm、高 1000mm、带夹套、管壁标有刻度的玻璃柱中，先放入 50mL 表面活性剂水溶液，然后用一个外径约 45mm 的滴液管将 200mL 溶液自 900mm 高度沿玻璃柱中心冲下，测量最大泡沫高度用于表征发泡能力，再测量一定时间后的泡沫高度用于表征稳泡能力。

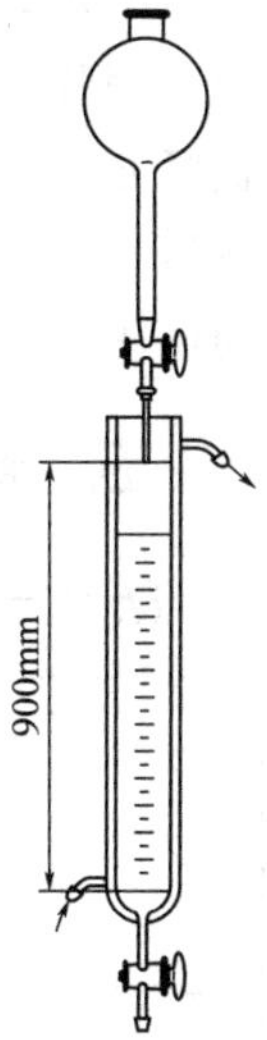

图 1　罗氏泡沫仪

三、实验仪器和试剂

罗氏泡沫仪，SHZ-82 型恒温水浴器，分析天平，容量瓶，具塞量筒，烧杯等。

直链烷基苯磺酸钠（LAS），二次蒸馏水（电导率 $7.8\times10^{-7}\,S\cdot cm^{-1}$，美国 Millipore Synergy UV 二次蒸馏水系统）。

四、实验步骤

方法一：罗氏泡沫仪测定表面活性剂的发泡和稳泡能力

1. 配制1%（质量分数，下同）的 LAS 水溶液（注意不要产生大量泡沫），在（40±1)℃水浴中恒温备用。

2. 打开恒温水浴，使罗氏泡沫仪夹套管水温恒定在（40±1)℃。

3. 用蒸馏水冲洗刻度管内壁后，再用1%（质量分数）的 LAS 水溶液冲洗刻度管内壁，冲洗必须完全。

4. 将1%（质量分数）的 LAS 水溶液沿着刻度管内壁倒入至50mL刻度处。在滴液管中倒入1%（质量分数）的 LAS 水溶液 200mL，并将滴液管安装到刻度管上，滴液管出口置于 900mm 刻度线上，两者保持垂直，保证表面活性剂水溶液沿刻度管中心线滴下。

5. 打开滴液管活塞使表面活性剂水溶液流下，当滴液管中的溶液流完时，立即按下秒表，并记录泡沫高度 H_0。5min 后再次记录泡沫高度 H_5。重复三次，求平均值。

方法二：具塞量筒法测定表面活性剂的发泡和稳泡能力

用移液管移取1%（质量分数）的 LAS 水溶液 20mL 于 100mL 具塞量筒中，盖紧瓶塞，在1min内，用力上下摇动100次，停止后将量筒置于台面，立即按下秒表，并读取泡沫的体积数 V_0（溶液体积一并读取），5min后再读取一次泡沫的体积数 V_5。重复三次，求平均值。

五、数据记录与处理

方法一：罗氏泡沫仪测定表面活性剂的发泡和稳泡能力　实验温度：______

序号	H_0/mm	H_5/mm
1		
2		
3		
平均值		

方法二：具塞量筒法测定表面活性剂的发泡和稳泡能力　实验温度：______

序号	V_0/mL	V_5/mL
1		
2		
3		
平均值		

六、思考题

1. 表面活性剂的发泡和稳泡机制是什么？
2. 如何消泡？对消泡剂的特性的要求是什么？
3. 影响泡沫稳定性的因素有哪些？
4. 除表面活性剂外，还有哪些物质可以稳定泡沫？
5. 泡沫具有怎样的结构？

七、参考文献

[1] 颜肖慈，罗明道. 界面化学. 北京：化学工业出版社，2004.

[2] 崔正刚. 表面活性剂、胶体与界面化学基础. 北京：化学工业出版社，2013.

[3] 张太亮，鲁红升，全红平，等. 表面及胶体化学实验. 北京：化学工业出版社，2011.

[4] 北京大学化学系胶体化学教研室. 胶体与界面化学实验. 北京：北京大学出版社，1993.

[5] Karakashev S I，Grozdanova M V. Foams and antifoams. Adv Colloid Interface Sci，2012，176-177：1-17.

实验十四 表面活性剂水溶液的表面张力曲线

一、实验目的

1. 掌握用 Du Noüy 环法测定表面活性剂水溶液的表面张力-浓度（γ-lg$c$）曲线的原理和方法。

2. 掌握用 Du Noüy 环法测定表面活性剂的临界胶束浓度（*cmc*）。

3. 掌握用 Gibbs 吸附等温式和 Langmuir 方程求出饱和吸附时表面活性剂分子在界面上所占的面积（分子截面积）。

4. 理解表面活性剂降低表面张力的效率和效能。

二、实验原理

表面活性剂溶液的许多物理化学性质随着胶束的形成而发生突变，因此临界胶束浓度（*cmc*）是表面活性剂表面活性的重要量度之一。测定 *cmc*，掌握影响 *cmc* 的因素对深入研究表面活性剂的物理化学性质是十分重要的。表面张力法对各种类型的表面活性剂都具有相似的灵敏度，不受表面活性高低或外加电解质的影响，是测定 *cmc* 的最经典方法，根据所得的表面张力-浓度（γ-lg$c$）曲线上的拐点即可求出 *cmc*。

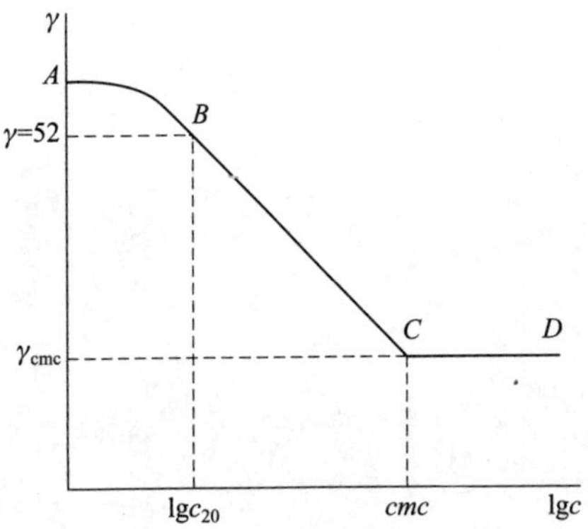

图 1 表面活性剂水溶液的 γ-lg$c$ 曲线

典型的表面活性剂水溶液的表面张力随浓度的下降曲线如图 1 所示。*AB* 段相当于溶液浓度极稀的情况，表面张力较高，随浓度增加缓慢下降；在 *BC* 段，表面张力随浓度的增加成比例的下降，直至达到 *cmc*；*CD* 段，当浓度超过 *cmc* 后，表面张力几乎不再下降。*C* 点相当于临界胶束浓度（*cmc*）。

表面活性剂的吸附可由 Gibbs 吸附等温式来描述：

$$\Gamma = -\frac{c}{RT}\left(\frac{\partial \gamma}{\partial c}\right)_T \tag{1}$$

由式（1）可求得某浓度时的吸附量。式中，Γ 是吸附量，$mol \cdot L^{-1}$；c 是表面活性剂溶液的浓度，$mol \cdot L^{-1}$；γ 是表面张力，$mN \cdot m^{-1}$；T 为热力学温度，K；R 是气体常数，$8.314 \times 10^7 J \cdot (mol \cdot K)^{-1}$。

将式（1）变形为：

$$\Gamma = -\frac{1}{RT}\left(\frac{\partial \gamma}{\partial \ln c}\right)_T = -\frac{1}{2.303RT}\left(\frac{\partial \gamma}{\partial \lg c}\right)_T \tag{2}$$

作 γ-lg$c$ 图，如图 1 所示。在 AB 段，$-\left(\frac{\partial \gamma}{\partial \lg c}\right)$ 为非线性增加，Γ 随浓度的增加而增加；在 BC 段 $-\left(\frac{\partial \gamma}{\partial \lg c}\right)_T$ 为一常数，Γ 为一定值，即已达到饱和吸附；如果 BC 段的线性关系很好，则饱和吸附量可直接由图中直线部分的斜率求出：

$$\Gamma_\infty = -\frac{1}{2.303RT}\left(\frac{\partial \gamma}{\partial \lg c}\right)_{T,\max} \tag{3}$$

如果 BC 段不成很好的线性关系，为求得 Γ，可利用 Langmuir 吸附等温式：

$$\Gamma = \Gamma_\infty \frac{Kc}{1+Kc} \tag{4}$$

式中，K 为常数；其余意义同式（1）。

将式（4）变形为：

$$\frac{c}{\Gamma} = \frac{1}{\Gamma_\infty}c + \frac{1}{K\Gamma_\infty} \tag{5}$$

以 $\frac{c}{\Gamma}$ 对 c 作图得一直线，如图 2 所示，其斜率的倒数为 Γ_∞。式中 Γ 由式（2）求出，其中 $\left(\frac{\partial \gamma}{\partial \lg c}\right)_T$ 由 γ-lg$c$ 曲线上读取。

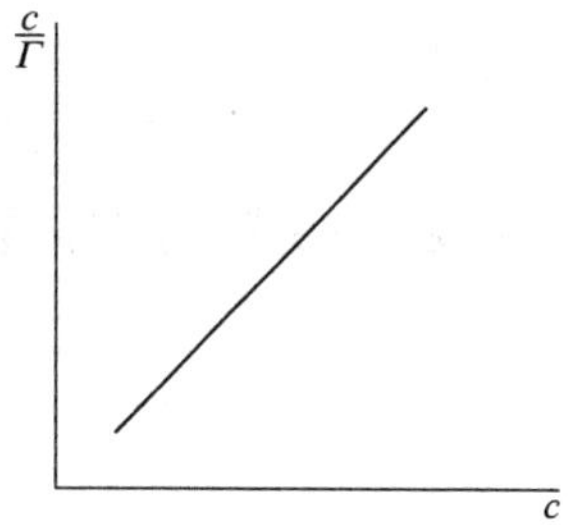

图 2　Langmuir 吸附等温式的直线形式

如果以 N 代表 1cm^2 表面上的分子量，则：

$$N = \Gamma_\infty N_0 \tag{6}$$

其中，N_0 为阿伏伽德罗常数。由此求得饱和吸附时每个表面活性剂分子在界面上所占的面积，即分子截面积：

$$a_\infty = \frac{1}{N} = \frac{1}{\Gamma_\infty N_0} \tag{7}$$

表面活性剂降低表面张力的效率是指达到给定表面张力下降所需的浓度，浓度越低则效率越高。通常用使表面张力下降 20mN·m^{-1} 所需浓度的负对数 pc_{20} 来表示：

$$\mathrm{p}c_{20} = -\lg c_{20} \tag{8}$$

25℃时纯水的表面张力为 71.97mN·m^{-1}，近似为 72mN·m^{-1}。在 γ-lg$c$ 曲线的纵坐标上找到 γ=52mN·m^{-1} 这一点，作一条水平线，使与曲线相交，由交点所对应的 lg$c$ 即可求出 pc_{20}。

表面活性剂降低表面张力的效能是指表面活性剂溶液所能达到的最低表面张

力，而不论浓度大小。通常当浓度达到 *cmc* 以后表面张力几乎不再变化，所以用 *cmc* 时的表面张力 γ_{cmc} 来表示，如图 1 所示。

表面张力法包括 Whilhemy 吊片法、Du Noüy 环法、滴体积法、滴外形法等[1-6]。本实验利用 Du Noüy 环法测定表面活性剂水溶液的 γ-lg$c$ 曲线。

三、实验仪器和试剂

JYW-200D 自动界面张力仪，SHZ-82 型恒温水浴器，量筒，烧杯，镊子，洗瓶，温度计，铂丝圆环，玻璃杯，酒精灯。

OP 乳化剂，石油醚，丙酮，二次蒸馏水（电导率 7.8×10^{-7}S·cm^{-1}，美国 Millipore Synergy UV 二次蒸馏水系统）。

四、实验步骤

1. 溶液的配制

精确配制一系列不同浓度的 OP 乳化剂水溶液：1×10^{-4}mol·L^{-1}、5×10^{-4}mol·L^{-1}、7.5×10^{-4}mol·L^{-1}、1×10^{-3}mol·L^{-1}、5×10^{-3}mol·L^{-1}、1×10^{-2}mol·L^{-1}、5×10^{-2}mol·L^{-1}。将上述样品置于恒温水浴中于（40±1.0)℃下恒温，由稀到浓逐一测定各溶液的表面张力 γ。

2. 表面张力的测定

参照实验二的实验步骤，利用 JYW-200D 自动界面张力仪测定 OP 乳化剂水溶液的表面张力曲线，按照 OP 乳化剂水溶液浓度由低到高的顺序逐一测定。具体步骤如下：

(1) 检查 JYW-200D 自动界面张力仪上水准泡，调节基座上调平旋钮，使仪器水平。

(2) 打开电源开关，稳定 15min。

(3) 把铂丝圆环和玻璃杯进行很好的冲洗。铂丝圆环的清洗方法：先在石油醚中清洗，接着用丙酮漂洗，然后在煤气灯或酒精灯的氧化焰中加热，烘干铂丝圆环。在处理以及后续实验中取挂铂丝圆环时要特别小心，以免铂丝圆环变形。

(4) 用镊子夹取铂丝圆环挂在杠杆挂钩上，在玻璃杯中小心注入被测液体 40～50mL，开通恒温循环水泵。

(5) 在“开机初始页”连续按“▲”键四次，液晶界面显示“试验显示 按确认键进入”菜单页，再按“确认”进入试验显示主页。

P：000.00mN·m^{-1}	*D*：0
F：000.00mN·m^{-1}	<+↑

（6）按“清零”键，后按“▲”键玻璃杯平台上升，液晶界面右下边显示“＜↑”提示符。

（7）待铂金环浸没液体时，平台自动停止上升，按“清零”键使 P 值变为 $000.00\mathrm{mN \cdot m^{-1}}$。按“▼”键、按“保持”键，玻璃杯平台下降，液晶界面右下边显示“＋↓”提示符。随着玻璃杯平台下降，P 值不断增大，液膜被拉破，玻璃杯平台自动停止。此时 P 值即是测定值，F 值即是该液体的实际力值，记录该值。

（8）按“复位”键进入开机主页面，按照（5）～（7）项重复操作。每个浓度点分别测量五次，并取平均值。

（9）用镊子小心取下铂丝圆环后，更换样品，继续测量。试验完毕，关闭电源。

五、数据记录与处理

1. 数据记录

室温：________；大气压：________；实验温度：________

浓度 $c/\mathrm{mol \cdot L^{-1}}$	表面张力 $\gamma/\mathrm{mN \cdot m^{-1}}$					
	1	2	3	4	5	平均值

2. 数据处理

（1）作 γ-$\lg c$ 曲线，并求取 cmc。

（2）作 γ-$\lg c$ 曲线，并标注表面张力下降 $20\mathrm{mN \cdot m^{-1}}$ 所需表面活性剂浓度的负对数 $\mathrm{p}c_{20}$。

（3）由 γ-$\lg c$ 曲线求得不同浓度下的 $\left(\dfrac{\partial \gamma}{\partial \lg c}\right)_T$ 值，求 Γ。

（4）作 $\dfrac{c}{\Gamma}$-c 图，求出 Γ_∞，并求出 a_∞。

六、思考题

1. 表面活性剂表面张力和临界胶束浓度的影响因素有哪些？

2. 讨论 Whilhemy 吊片法、Du Noüy 环法、滴体积法、滴外形法等几种表面张力测定方法的优缺点。

3. 毛细上升法是否适用于测定表面活性剂溶液的表面张力？为什么？

4. 试推导不同类型表面活性剂的 Gibbs 吸附公式。

七、参考文献

[1] 颜肖慈，罗明道. 界面化学. 北京：化学工业出版社，2004.

[2] 北京大学化学系胶体化学教研室. 胶体与界面化学实验. 北京：北京大学出版社，1993.

[3] Prosser A J，Franses E I. Adsorption and surface tension of ionic surfactants at the air-water interface: review and evaluation of equilibrium models. Colloids Surf A-Physicochem Eng Asp，2001，178：1-40.

[4] Hidaka H，Koike T，Kurihara M. Preparation and properties of new tetrafunctional amphoteric surfactants bearing amino，carboxyl，and hydroxyl groups and an ether bond. J. Surfactants Deterg，2003，6：131-136.

[5] Sharma K S，Rodgers C，Palepu R M，et al. Studies of mixed surfactant solutions of cationic dimeric (gemini) surfactant with nonionic surfactant C12E6 in aqueous medium. J Colloid Interface Sci，2003，268：482-488.

实验十五　电导法测定离子型表面活性剂的临界胶束浓度

一、实验目的

1. 掌握用电导法测定表面活性剂的临界胶束浓度（*cmc*）的原理和方法。

2. 学会电导率仪的使用。

二、实验原理

对于一般电解质溶液，其导电能力由电导 L，即电阻的倒数（$1/R$）来衡量。若所用电导管电极面积为 a，电极间距为 l，用此管测定电解质溶液电导，则：

$$L=\frac{1}{R}=\kappa\frac{a}{l} \tag{1}$$

式中，κ 是 $a=1\text{m}^2$、$l=1\text{m}$ 时的电导，称作比电导或电导率，$\text{S}\cdot\text{m}^{-1}$；$l/a$ 称作电导管常数。电导率 κ 和摩尔电导 λ_m 有下列关系：

$$\lambda_\text{m}=\frac{\kappa}{c} \tag{2}$$

式中，λ_m 为 1mol 电解质溶液的导电能力；c 为电解质溶液的浓度，$\text{mol}\cdot\text{L}^{-1}$。$\lambda_\text{m}$ 随电解质浓度而变，对强电解质的稀溶液：

$$\lambda_\text{m}=\lambda_\text{m}^{\infty}-A\sqrt{c} \tag{3}$$

式中，$\lambda_\text{m}^{\infty}$ 为浓度无限稀时的摩尔电导；A 为常数。

对于离子型表面活性剂溶液，当溶液浓度很稀时，电导的变化规律也和强电解质一样；但当溶液浓度达到临界胶束浓度时，随着胶束的生成，电导率发生改变，摩尔电导急剧下降，这就是电导法测定 *cmc* 的依据[1]。利用离子型表面活性剂水溶液电导率随浓度的变化关系，从电导率（κ）对浓度（c）曲线或摩尔电导 λ_m-$\sqrt{c}$ 曲线上的转折点求取 *cmc*[2-4]。此法仅对离子型表面活性剂适用，而对 *cmc* 值较大，表面活性低的表面活性剂因转折点不明显而不灵敏。

三、实验仪器和试剂

DDS-11A 型电导率仪，DJS-1 型铂黑电导电极，78-1 型磁力加热搅拌器，烧杯，移液管，酸式滴定管。

十二烷基硫酸钠（SDS）水溶液（$0.020\text{mol}\cdot\text{L}^{-1}$、$0.010\text{mol}\cdot\text{L}^{-1}$、$0.002\text{mol}\cdot\text{L}^{-1}$），二次蒸馏水（电导率 $7.8\times10^{-7}\text{S}\cdot\text{cm}^{-1}$，美国 Millipore Synergy UV 二次蒸馏水系统）。

四、实验步骤

1. 电导率仪的调节

（1）通电前，先检查表针是否指零，如不指零，调节表头、调整螺栓，使表针指零。

（2）接好电源线，将校正、测量选择开关扳向“校正”，打开电源开关预热3～5min，待表针稳定后，旋转校正调节器，使表针指示满度。

（3）将高低周选择开关扳向“高周”，调节电极常数调节器在与所配套的电极常数相对应位置上，量程选择开关放在“$\times 10^3$”黑点档处。

2. 溶液电导率的测量

（1）移取 0.002mol・L^{-1} SDS 溶液 50mL，放入 1 号烧杯中。

（2）将电极用电导水淋洗，用滤纸小心擦干（注意：千万不可擦掉电极上所镀的铂黑），插入仪器的电极插口内，旋紧插口螺栓，并把电极夹固好，小心地浸入烧杯的溶液中。打开搅拌器电源，选择适当速度进行搅拌（注意：不可打开加热开关），将校正、测量开关扳向“测量”，待表针稳定后，读取电导率值。然后依次将 0.020mol・L^{-1} SDS 溶液滴入 1mL、4mL、5mL、5mL，并记录滴入溶液的体积和测量的电导率值。

（3）将校正、测量开关扳向“校正”，取出电极，用电导水淋洗，擦干。

（4）另取 0.010mol・L^{-1} SDS 溶液 50mL，放入 2 号烧杯中。插入电极进行搅拌，将校正、测量开关扳向“测量”，读取电导率值。然后依次将 0.020mol・L^{-1} SDS 溶液滴入 8mL、10mL、10mL、15mL。记录所滴入的体积和测量的电导率值。

（5）实验结束后，关闭电源，取出电极，用蒸馏水淋洗干净，放入指定的容器中。

五、数据记录与处理

1. 数据记录

室温：________；大气压：________；实验温度：________

1号烧杯	滴定次数	1	2	3	4	5	6
	滴入溶液体积/mL	0	1	4	5	5	5
	烧杯中溶液总体积/mL	50	51	55	60	65	70
	c/mol・L^{-1}						
	电导率 κ /μS・cm^{-1}						

续表

	滴定次数	1	2	3	4	5	6
2号烧杯	滴入溶液体积/mL	0	8	10	10	10	15
	烧杯中溶液总体积/mL	50	58	68	78	65	93
	c/mol·L^{-1}						
	电导率 κ /μS·cm^{-1}						

2. 数据处理

（1）计算出不同浓度的十二烷基硫酸钠水溶液的浓度 c 和$\sqrt{c}$ 。

（2）根据式（2）计算出不同浓度的十二烷基硫酸钠水溶液的摩尔电导 λ_m。

（3）作 κ-c 曲线和λ_m-$\sqrt{c}$ 曲线，分别在曲线的延长线交点上确定出 cmc 值。

六、思考题

1. 电导法测定临界胶束浓度的原理是什么？为什么胶束生成而导电效率下降？

2. 思考在本实验中采用电导法测定临界胶束浓度可能的影响因素，分析误差产生的原因。

3. 分析电导法测定临界胶束浓度的优缺点。

七、参考文献

[1] 崔正刚. 表面活性剂、胶体与界面化学基础. 北京：化学工业出版社，2013.

[2] 北京大学化学系胶体化学教研室. 胶体与界面化学实验. 北京：北京大学出版社，1993.

[3] Treiner C，Makayssi A. Sturctural micellar transition for dilute-solutions of long-chain binary cationic surfactant systems-a conductance investigation. Langmuir，1992，8：794-800.

[4] Wang X Y，Wang J B，Wang Y L，et al. Effect of the nature of the spacer on the aggregation properties of gemini surfactants in an aqueous solution. Langmuir，2004，20：53-56.

[5] Patra T，Ghosh S，Dey J. Cationic vesicles of a carnitine-derived single-tailed surfactant：physicochemical characterization and evaluation of in vitro gene transfection efficiency. J Colloid Interface Sci，2014，436：138-145.

实验十六　染料法测定表面活性剂的临界胶束浓度

一、实验目的

掌握用染料法测定表面活性剂的临界胶束浓度（*cmc*）的原理和方法。

二、实验原理

染料法是测定表面活性剂临界胶束浓度的一个简便方法。某些染料在水中未被加溶时与在表面活性剂胶束溶液中被加溶时，其颜色或吸收光谱有很大的差异，利用这一特点来测定表面活性剂的 *cmc*[1]。

用分光光度计测定吸收光谱是利用比尔定律：

$$A = \varepsilon bc \tag{1}$$

式中，A 为吸光度（又称光密度）；c 为溶液的浓度，$mol \cdot L^{-1}$；b 为吸收液层厚度，即所用比色皿的厚度，cm；ε 为吸光系数，$L \cdot (mol \cdot cm)^{-1}$。比尔定律仅适用于单色光，同一溶液对于不同波长的单色光的吸光系数 ε 值不同，因此测得的吸光度 A 也不同。在应用比尔定律时常需选择适当的波长，为此需作吸收光谱（又称吸收曲线）。将吸光度 A 对波长作图，便可得到吸收光谱，它是吸光物质的特性，常被用于定性分析。选定了对被测组分有强烈吸收的特征波长后，在此波长条件下，测定该溶液不同浓度 c 时的吸光度 A，即可作定量分析[2-4]。

本实验利用频哪氰醇氯化物（pinacyanol chloride，分子量为 388.5）在月桂酸钾水溶液形成胶束后，吸收光谱的变化来测定临界胶束浓度。频哪氰醇氯化物在水中的吸收谱带在 520nm 和 550nm，当加入到浓度为 $2.3 \times 10^{-2} mol \cdot L^{-1}$ 的月桂酸钾水溶液中（此浓度大于月桂酸钾的 *cmc* 值）时，吸收光谱发生变化。原有的 520nm 和 550nm 的吸收带消失，与此同时 570nm 和 610nm 的吸收谱带增强，后面的两谱带是该染料在有机溶剂即丙酮中的谱线特征，因此可通过此吸收光谱的变化来测定月桂酸钾的 *cmc* 值。

三、实验仪器和试剂

722 型分光光度计，比色皿，分析天平，容量瓶，称量瓶，烧杯，滴管。

频哪氰醇氯化物，月桂酸钾，丙酮，二次蒸馏水（电导率 $7.8 \times 10^{-7} S \cdot cm^{-1}$，美国 Millipore Synergy UV 二次蒸馏水系统）。

四、实验步骤

1. 溶液的配制

（1）分别配制浓度为 $1\times10^{-4}mol\cdot L^{-1}$的频哪氰醇氯化物的水溶液与丙酮溶液各 25mL。

（2）配制频哪氰醇氯化物浓度为 $1\times10^{-4}mol\cdot L^{-1}$的不同浓度的月桂酸钾溶液各 25mL。月桂酸钾的浓度范围在 $1\times10^{-1}mol\cdot L^{-1}$到 $1\times10^{-3}mol\cdot L^{-1}$之间，可配成 $1\times10^{-3}mol\cdot L^{-1}$、$1\times10^{-2}mol\cdot L^{-1}$、$2\times10^{-2}mol\cdot L^{-1}$、$2.5\times10^{-2}mol\cdot L^{-1}$、$5\times10^{-2}mol\cdot L^{-1}$、$1\times10^{-1}mol\cdot L^{-1}$ 6 种不同浓度的溶液。

2. 吸收光谱的测定

用 722 型分光光度计，在波长 450～650nm 的范围内，间隔为 10～20nm 的条件下对已配制的溶液进行波长扫描，如有自动扫描的分光光度计更为方便。

（1）对浓度为 $1\times10^{-4}mol\cdot L^{-1}$的频哪氰醇氯化物的水溶液测定不同波长下的吸光度，约在 520nm 和 550nm 出现吸收峰。

（2）对上述染料的丙酮溶液测定吸收光谱，约在 570nm 与 610nm 出现吸收峰。

（3）选择频哪氰醇氯化物浓度为 $1\times10^{-4}mol\cdot L^{-1}$的月桂酸钾溶液进行吸收光谱的测定，月桂酸钾浓度为 $2.5\times10^{-2}mol\cdot L^{-1}$与 $5\times10^{-2}mol\cdot L^{-1}$。

（4）将上述几组数据作吸光度 A 对波长的图，以最大吸光系数对应的波长为它的特征吸收峰。

3. 月桂酸钾*cmc* 值的测定

在上述实验测得的特征波长（约 810nm）的条件下，测定含染料的 6 个不同浓度的月桂酸钾溶液的吸光度 A，并作 A-c 图，由曲线的突变点求出它的 *cmc* 值。

五、数据记录与处理

1. 数据记录

最大吸收波长：________

浓度 $c/mol\cdot L^{-1}$						
吸光度 A						

2. 数据处理

作 A-c 图，由曲线的突变点求出月桂酸钾的 *cmc* 值。

六、思考题

1. 除了频哪氰醇氯化物，还有哪些染料可以用来测定表面活性剂的临界胶束浓度？

2. 思考在本实验中采用染料法测定临界胶束浓度可能的影响因素是什么，分析产生误差的原因。

3. 分析染料法测定临界胶束浓度的优缺点。

七、参考文献

[1] 崔正刚. 表面活性剂、胶体与界面化学基础. 北京：化学工业出版社，2013.

[2] 北京大学化学系胶体化学教研室. 胶体与界面化学实验. 北京：北京大学出版社，1993.

[3] Patist A，Bhagwat S S，Penfield K W，et al. On the measurement of critical micelle concentrations of pure and technical-grade nonionic surfactants. J Surfactants Deterg，2000，3：53-58.

[4] Alam M S，Siddiq A M，Mandal A B. Thermodynamic and micellization studies of a cationic gemini surfactant 16-6-16：influence of ascorbic acid and temperature. Colloid J，2016，78：9-14.

实验十七　荧光探针法测定表面活性剂的临界胶束浓度

一、实验目的

1. 熟悉芘的相对荧光强度 I_3/I_1 与所处微环境的关系。

2. 掌握用荧光探针法测定表面活性剂临界胶束浓度（*cmc*）的方法及原理。

二、实验原理

芘（Py）单体的稳态荧光光谱有 5 个峰（图 1），其第一峰（373nm 附近）和第三峰（384nm 附近）的峰强之比（I_3/I_1）强烈依赖于芘分子所处微环境的极性，且随溶剂极性减小而显著增大。虽然芘在水介质中的溶解度很小（约为 10^{-7} $mol \cdot L^{-1}$），但它极易增溶在胶束的疏水微结构中。当表面活性剂水溶液的浓度达到 *cmc* 时，一方面溶液中形成胶束这种有序化结构；另一方面由于增溶作用，芘分子由疏水水合环境进入胶束疏水栅栏区，其所处微环境极性突然变小，两者共同导致 I_3/I_1 值的突然增大。所以，根据荧光分子探针芘的这一特性可以表征表面活性剂的 *cmc* 值。I_3/I_1 值急剧增高，意味着探针芘周围环境的极性减小，表明溶液中开始形成胶束，导致芘分子进入胶束疏水栅栏；随着表面活性剂浓度继续增加，I_3/I_1 值趋于稳定时，形成大量胶束[1-3]。

以芘的水溶液作为溶剂，配制不同浓度的表面活性剂水溶液，在指定温度下分别测定各个溶液中芘分子的荧光光谱，计算 I_3/I_1 值，然后将 I_3/I_1 值与对应的表面活性剂浓度的对数（lg*c*）作图，再采用一阶导数法 [即 $d(I_3/I_1)/d\lg c$-$\lg c$] 确定 I_3/I_1 的 S 形曲线的拐点，取其一阶导函数极大值处相应的表面活性剂浓度为 *cmc*，如图 2 所示。

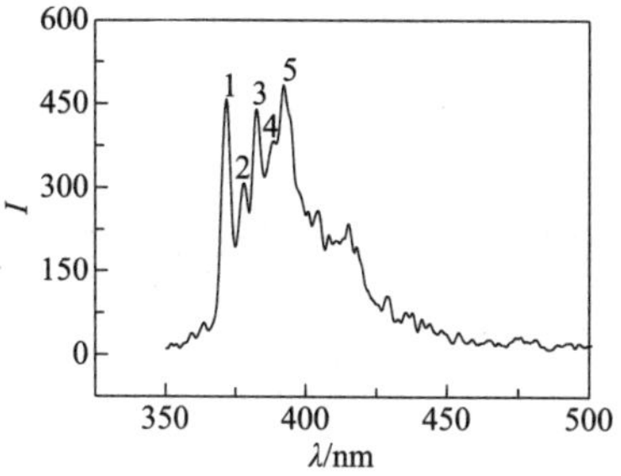

图 1　芘分子的稳态荧光光谱

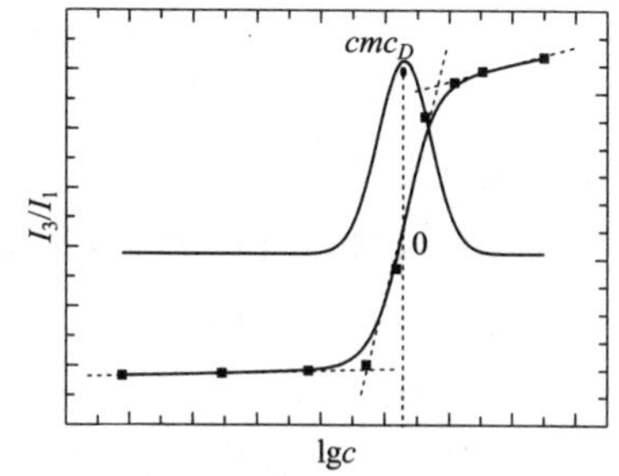

图 2　I_3/I_1 值随表面活性剂浓度的变化曲线

三、实验仪器和试剂

Cary Eclipse 型荧光分光光度计，USC-302 型超声波浴槽，SHZ-82 型恒温水浴器，分析天平，容量瓶，移液管，比色皿等。

荧光探针分子芘，十二烷基硫酸钠（SDS），二次蒸馏水（电导率 7.8×10^{-7} $S\cdot cm^{-1}$，美国 Millipore Synergy UV 二次蒸馏水系统）。

四、实验步骤

1. 溶液的配制

以荧光探针分子芘的饱和水溶液为溶剂，精确配制一系列不同浓度的表面活性剂水溶液：$5\times10^{-4}mol\cdot L^{-1}$、$1\times10^{-3}mol\cdot L^{-1}$、$2\times10^{-3}mol\cdot L^{-1}$、$4\times10^{-3}mol\cdot L^{-1}$、$6\times10^{-3}mol\cdot L^{-1}$、$7\times10^{-3}mol\cdot L^{-1}$、$8\times10^{-3}mol\cdot L^{-1}$、$9\times10^{-3}mol\cdot L^{-1}$、$9.5\times10^{-3}mol\cdot L^{-1}$、$1\times10^{-2}mol\cdot L^{-1}$、$1.5\times10^{-2}mol\cdot L^{-1}$、$2\times10^{-2}mol\cdot L^{-1}$、$3\times10^{-2}mol\cdot L^{-1}$。将上述样品在超声波浴槽中分散5min后，置于恒温水浴［(40±1.0)℃］中恒温 24h，由稀到浓逐一测定各溶液中芘的荧光发射光谱。

2. 荧光光谱的测定

（1）打开荧光分光光度仪电源和循环水浴开关，预热 10min；打开光栅，预热 10min。

（2）打开计算机和相应软件，仪器自检。

（3）点击“Cary Eclipse”-“Scan”开启扫描数据功能界面。

（4）点击“Set up”进行参数设置。激发波长为 335nm，狭缝宽度为 2.5nm（激发）、1.5nm（发射），荧光池厚度为 1nm，扫描速度为快，在 350～450nm 范围内扫描所配溶液的荧光发射光谱。

（5）将样品注入比色皿（高度约为 4/5），小心擦净外表面。注：每次实验前比色皿要用超声清洗仪清洗，每次更换样品前将比色皿用待测液润洗三次。

（6）将比色皿放入测试室。小心盖上盖子后恒温 5min，点击“Zero”、“Start”即开始扫描曲线。扫描后自动跳出保存文件的对话框，输入文件名即可。如果中途停止点击“Stop”。

（7）系统每次最多可存十个文件，然后另存入 D 盘自己的文件夹，清除通道内的内容再继续做其他的样品。

（8）读取数据。点击工具栏上“Manipulate”中的“Point Pick”，读取 373 nm 和 384nm 处的荧光强度，分别记为 I_1 和 I_3。

（9）每个样品平行测定三次，取平均值。

3. 实验结束

（1）测试结束后，先关闭荧光光度计上的光栅，待仪器稍微冷却，再关闭荧光光度计和循环水浴的总电源。

（2）做好仪器使用登记，打扫实验室卫生。

五、数据记录与处理

1. 数据记录

室温：________；大气压：________；实验温度：________

序号	浓度	I_3	I_1	I_3/I_1
1				
2				
3				
…				

2. 数据处理

（1）观察芘在水溶液中的荧光发射谱图。

（2）以实验测得的 I_3/I_1 对表面活性剂浓度的 lg*c* 作图。

（3）利用一阶导数最大值法求出 *cmc*。

六、思考题

1. 荧光探针法测定表面活性剂水溶液的 *cmc* 的原理是什么？

2. 芘的饱和水溶液如何配制？

3. 荧光探针法测定表面活性剂水溶液的 *cmc* 是不是适用于所有类型的表面活性剂？

4. 影响荧光探针法测定表面活性剂水溶液 *cmc* 实验准确性的因素可能有哪些？

5. 除芘分子外，是否有其他荧光探针分子可用于表面活性剂水溶液 *cmc* 的测定？

七、参考文献

[1] 颜肖慈，罗明道. 界面化学. 北京：化学工业出版社，2004.

[2] 崔正刚. 表面活性剂、胶体与界面化学基础. 北京：化学工业出版社，2013.

[3] Pineiro L，Novo M，AL-Soufi W. Fluorescence emission of pyrene in surfactant solutions. Adv Colloid Interface Sci，2015，215：1-12.

[4] Mathias J H，Rosen M J，Davenport L. Fluorescence study of premicellar aggregation in cationic gemini surfactants. Langmuir，2001，17：6148-6154.

[5] Joshi S，Varma Y T，Pant D D. Steady state and time-resolved fluorescence spectroscopy of quinine sulfate dication in ionic and neutral micelles：effect of micellar charge on photophysics. Colloids Surf A：Physicochem Eng Asp，2013，425：59-67.

实验十八　表面活性剂疏水链长与临界胶束浓度的构效关系

一、实验目的

理解表面活性剂分子结构与临界胶束浓度的构效关系。

二、实验原理

表面活性剂的分子结构是影响其临界胶束浓度（*cmc*）的重要因素之一，主要表现在疏水基、亲水基和反离子三个方面。对不同疏水链长度的表面活性剂同系物来说，*cmc* 随疏水基碳原子数增加而减小，而且疏水链长度对非离子和两性表面活性剂的 *cmc* 影响更显著。一般烷基链增加 2 个—CH_2—基团，离子型表面活性剂 *cmc* 约减小为原来的 1/4，而非离子和两性表面活性剂 *cmc* 减小为原来的 1/10。对于直链烷基，当烷基碳原子数 $m \leqslant 16$ 时，lg*cmc* 符合经验公式 $\lg cmc = A - Bm$，其中 A 和 B 为经验常数[1-5]。

本实验利用 Du Noüy 环法测定不同疏水链长的阴离子表面活性剂的 *cmc*。

三、实验仪器和试剂

JYW-200D 自动界面张力仪，SHZ-82 型恒温水浴器，量筒，烧杯，镊子，洗瓶，温度计。

十二烷基磺酸钠、十四烷基磺酸钠和十六烷基磺酸钠，二次蒸馏水（电导率 $7.8\times10^{-7}S\cdot cm^{-1}$，美国 Millipore Synergy UV 二次蒸馏水系统）。

四、实验步骤

1. 溶液的配制

分别精确配制一系列不同浓度的十二烷基磺酸钠、十四烷基磺酸钠和十六烷基磺酸钠水溶液：$5\times10^{-4}mol\cdot L^{-1}$、$7.5\times10^{-4}mol\cdot L^{-1}$、$1\times10^{-3}mol\cdot L^{-1}$、$5\times10^{-3}mol\cdot L^{-1}$、$1\times10^{-2}mol\cdot L^{-1}$、$5\times10^{-2}mol\cdot L^{-1}$、$0.1mol\cdot L^{-1}$、$0.5mol\cdot L^{-1}$。将上述样品置于恒温水浴中于 (40±1.0)℃下恒温，由稀到浓逐一测定各溶液的表面张力 γ。

2. 表面张力的测定

测定方法见“实验十四”。

五、数据记录与处理

1. 数据记录

室温：________；大气压：________；实验温度：________

浓度 c/mol·L^{-1}	表面张力 γ/mN·m^{-1}					
	1	2	3	4	5	平均值

2. 数据处理

（1）作 γ-lg$c$ 曲线，并求取 *cmc*。

（2）比较表面活性剂疏水链长度与 *cmc* 的构效关系。

六、思考题

1. 疏水链含有支链和苯环对临界胶束浓度的影响如何？
2. 疏水链中引入醚键等极性基团对临界胶束浓度的影响如何？
3. 表面活性剂亲水基和反离子对临界胶束浓度的影响如何？

七、参考文献

[1] 颜肖慈，罗明道. 界面化学. 北京：化学工业出版社，2004.

[2] 金谷. 表面活性剂化学. 合肥：中国科学技术大学出版社，2013.

[3] 崔正刚. 表面活性剂、胶体与界面化学基础. 北京：化学工业出版社，2013.

[4] Ruiz C C，Aguiar J. Interaction，stability，and microenvironmental properties of mixed micelles of Triton X100 and *n*-alkyltrimethylammonium bromides：influence of alkyl chain length. Langmuir，2000，16：7946-7953.

[5] Khan I A，Mohammad R，Alam M S，et al. Effect of Alkylamine chain length on the critical micelle concentration of cationic gemini butanediyl-，-bis（dimethylcetylammonium bromide）surfactant. J Disper Sci Technol，2009，30：1486-1493.

实验十九　稳态荧光猝灭法测定表面活性剂胶束平均聚集数

一、实验目的

掌握用稳态荧光猝灭法测定表面活性剂胶束平均聚集数（N_m）的方法及原理。

二、实验原理

胶束平均聚集数（N_m）是用来描述胶束大小的特征参数，是聚集成一个胶束所需要的表面活性剂分子的平均数。测定胶束平均聚集数的方法包括光散射法、超离心法、稳态荧光猝灭法等[1-3]，其中稳态荧光猝灭法不受胶束选择性吸附和胶束间静电作用等影响，简单易行且准确性较高[4-7]。

向含有荧光探针芘（Py）单体的表面活性剂水溶液中加入荧光猝灭剂二苯甲酮，芘和二苯甲酮将增溶于胶束中。当胶束浓度远大于探针和猝灭剂浓度时，一部分芘分子处于含有二苯甲酮的胶束中，不再发射荧光，另一部分芘分子处于不含二苯甲酮的胶束中，仍然能够发射荧光（芘的稳态荧光光谱如“实验十七”中图1所示）。假定Py分子和二苯甲酮分子在胶束中的分布服从泊松分布，则体系的荧光强度服从式（1）：

$$\frac{I_1}{I_1^0}=\exp\left(-\frac{c_Q}{c_M}\right) \tag{1}$$

式中，I_1 为加入猝灭剂后芘的荧光发射光谱第一峰（373nm附近）的荧光强度；I_1^0 为不加猝灭剂时芘的荧光发射光谱第一峰（373nm附近）的荧光强度；c_Q 为猝灭剂二苯甲酮的浓度；c_M 为胶束浓度。对于表面活性剂胶束，其浓度为 $c_M=\frac{c-cmc}{N_m}$，其中 c 为表面活性剂总浓度。因此表面活性剂的胶束平均聚集数可根据式（2）通过作图法求得：

$$\ln I_1=\frac{N_m}{cmc-c}\times c_Q+\ln I_1^0 \tag{2}$$

三、实验仪器和试剂

SHIMADZU RF-5301 PC型荧光光度计，USC-302型超声波浴槽，SHZ-82型恒温水浴器，分析天平，容量瓶，具塞三角瓶，移液管，比色皿等。

荧光探针分子芘，十二烷基硫酸钠（SDS），二苯甲酮，无水甲醇，二次蒸馏水（电导率 $7.8\times10^{-7}S\cdot cm^{-1}$，美国Millipore Synergy UV二次蒸馏水系统）。

四、实验步骤

1. 溶液的配制

（1）以荧光探针分子芘的饱和水溶液为溶剂，精确配制一系列不同浓度的SDS水溶液：5倍*cmc*、6倍*cmc*、7倍*cmc*、8倍*cmc*、9倍*cmc*（40℃时SDS的临界胶束浓度*cmc*为$8.32\times10^{-3}mol\cdot L^{-1}$）。

（2）猝灭剂（Q）二苯甲酮用无水甲醇配制成浓度c_Q为$0.2mol\cdot L^{-1}$的标准溶液备用。猝灭剂的浓度范围选为$0\sim1.0mmol\cdot L^{-1}$。

（3）分别向6个洁净干燥的50mL具塞三角瓶中准确移取0、5μL、10μL、15μL、20μL、25μL的二苯甲酮-甲醇溶液，用纯N_2吹干甲醇。精确移取5mL事先配制好的SDS溶液，在超声波浴槽中分散5min后，置于恒温水浴［(40±1.0)℃］中恒温24h，由稀到浓逐一测定各溶液中芘的荧光发射光谱。

2. 荧光光谱的测定

按照实验十七的实验步骤测定样品在373nm处的荧光强度，记为I_1。每个样品平行测定三次，取平均值。

五、数据记录与处理

1. 数据记录

室温：________；大气压：________；实验温度：________

序号	$c_{SDS}/mmol\cdot L^{-1}$	$c_Q/mmol\cdot L^{-1}$	I_1			
			(1)	(2)	(3)	平均值
1						
2						
3						
…						

2. 数据处理

（1）作$\ln\frac{I_1^0}{I_1}-\frac{c_Q}{c-cmc}$关系曲线，求取直线斜率，即为不同浓度时SDS的胶束平均聚集数N_m。

（2）作胶束平均聚集数N_m与表面活性剂浓度*c*的关系曲线N_mc，求取SDS的临界胶束平均聚集数。

六、思考题

1. 稳态荧光猝灭法测定表面活性剂胶束平均聚集数的原理是什么？
2. 分析表面活性剂胶束平均聚集数与浓度的关系。
3. 讨论表面活性剂胶束平均聚集数的影响因素有哪些，如何影响？

七、参考文献

[1] 颜肖慈，罗明道. 界面化学. 北京：化学工业出版社，2004.

[2] 金谷. 表面活性剂化学. 合肥：中国科学技术大学出版社，2013.

[3] 崔正刚. 表面活性剂、胶体与界面化学基础. 北京：化学工业出版社，2013.

[4] 方云，刘雪锋，夏咏梅，等. 稳态荧光探针法测定临界胶束聚集数. 物理化学学报，2001，17：828-831.

[5] 赵莉，阎云，黄建滨. 荧光探针技术在水溶液两亲分子有序组合体研究中的应用. 物理化学学报，2010，26：840-849.

[6] Wang X Y，Wang J B，Wang Y L，et al. Effect of the nature of the spacer on the aggregation properties of gemini surfactants in an aqueous solution. Langmuir，2004，20：53-56.

[7] Bajani D，Laskar P，Dey J. Spontaneously formed robust steroidal vesicles：physicochemical characterization and interaction with HSA. J Phys Chem B，2014，118：4561-4570.

实验二十 动态荧光探针法测定表面活性剂胶束平均聚集数

一、实验目的

掌握用动态荧光探针法测定表面活性剂胶束平均聚集数（N_m）的方法及原理。

二、实验原理

稳态荧光猝灭法是测定表面活性剂胶束平均聚集数的常用方法之一，但是实际测量时会受到诸多限制和要求，如探针和猝灭剂不能形成基态络合物；在测定浓度范围内，猝灭剂在激发波长下不能有吸收；胶束平均聚集数不能大于100等。采用时间分辨荧光光谱法测定表面活性剂胶束平均聚集数能克服上述不足。

探针分子在表面活性剂溶液中会经历激发-衰减、激基聚集体生成-解离、激基聚集体衰减、荧光猝灭等反应历程。利用探针分子芘在胶束中的增溶及荧光衰减特性，可以测定表面活性剂的胶束平均聚集数。

$$n_p \rightleftharpoons (n-1)p \cdot p^*$$

$$(n-1)p \cdot p^* \rightleftharpoons (n-2)p \cdot 2p^*$$

$$(n-2)p \cdot 2p^* \longrightarrow np$$

$$q \cdot p^* \longrightarrow p \cdot q + \text{热}$$

式中，p 表示胶束中的基态探针；n 表示探针分子的数目；p^* 表示受激探针；q 表示猝灭剂。

探针分子芘在胶束中的分布符合 Poisson（泊松）分布。当芘的浓度比较大时，两个或者两个以上的芘分子可能同时增溶在一个胶束中。探针在胶束中的荧光衰减方程如式（1）所示：

$$I_t = I_0 \exp\{-kt - a[1-\exp(-k_e t)]\} \tag{1}$$

式中，I_t 和 I_0 分别对应衰减时间为 t 和 0 时芘的荧光强度；k 是芘衰减的速率常数；k_e是芘的激基二聚体衰减常数；a 为每一个胶束中所含芘的平均个数。当衰减时间 t 足够长时，芘的衰减变为单指数衰减即相当于芘单体的衰减，其衰减方程可由式（1）近似为式（2）：

$$\ln\left[\frac{I_t}{I_0}\right] = -a - kt \tag{2}$$

式（2）中的斜率即为$-k$ 值，截距为$-a$ 值。

根据式（3）可得到胶束的浓度［M］：

$$a=\frac{[Py]}{[M]} \tag{3}$$

式中，[Py] 为芘的浓度。

进一步根据式（4）计算胶束平均聚集数 N_m：

$$N_m=\frac{(c-cmc)}{[M]} \tag{4}$$

式中，c 为表面活性剂总浓度。

指定温度下测定芘在表面活性剂胶束中的衰减曲线，然后根据不同时刻 t 时芘的荧光强度 I_t，绘制 $\ln[\frac{I_t}{I_0}]$ 和衰减时间 t 的关系曲线，由直线截距计算胶束浓度，最终根据式（4）计算得到胶束平均聚集数 N_m。

三、实验仪器和试剂

FLS920 型时间分辨荧光光谱仪，USC-302 型超声波浴槽，SHZ-82 型恒温水浴器，分析天平，容量瓶，移液管，比色皿等。

荧光探针分子芘（Py），十二烷基硫酸钠（SDS），无水甲醇，二次蒸馏水（电导率 $7.8\times10^{-7}S\cdot cm^{-1}$，美国 Millipore Synergy UV 二次蒸馏水系统）。

四、实验步骤

1. 溶液的配制

（1）精确配制一系列不同浓度的 SDS 水溶液：5 倍 cmc、6 倍 cmc、7 倍 cmc、8 倍 cmc、9 倍 cmc（40℃时 SDS 的临界胶束浓度 cmc 为 $8.32\times10^{-3}mol\cdot L^{-1}$）。

（2）荧光探针分子 Py 用无水甲醇配制成浓度为 $2\times10^{-2}mol\cdot L^{-1}$ 的溶液备用。

（3）分别向 5 个洁净干燥的 25mL 容量瓶中准确移取 1mL 芘-甲醇溶液，用纯 N_2 吹干甲醇。然后加入事先配制好的不同浓度的 SDS 溶液定容，在超声波浴槽中分散 30min 后，置于恒温水浴 [(40±1.0)℃] 中恒温 48h，由稀到浓逐一测定各溶液中 Py 的荧光衰减曲线。

2. 荧光光谱的测定

（1）打开荧光光谱仪电源和循环水浴开关，预热 10min；打开光栅，预热 10min。

（2）打开计算机和相应软件，仪器自检。

（3）进行参数设置。初始荧光强度 I_0 为 10000，激发波长为 335nm，发射波长为 393nm，狭缝宽度为 15nm（激发）、15nm（发射），步长为 0.5nm，时间范围≥1μs。

(4) 将样品注入比色皿（高度约为4/5），小心擦净外表面。注：每次实验前比色皿要用超声清洗仪清洗，每次更换样品前将比色皿用待测液润洗三次。

(5) 将比色皿放入测试室。小心盖上盖子后恒温5min，点击“Zero”、“Start”即开始扫描曲线。扫描后自动跳出保存文件的对话框，输入文件名即可。如果中途停止点击“Stop”。

3. 实验结束

(1) 测试结束后，先关闭荧光光度计上的光栅，待仪器稍微冷却，再关闭荧光光度计和循环水浴的总电源。

(2) 做好仪器使用登记，打扫实验室卫生。

五、数据记录与处理

1. 数据记录

室温：________；大气压：________；实验温度：________

序号	$t/\mu s$	I_t
1		
2		
3		
…		

2. 数据处理

绘制 $\ln\left[\frac{I_t}{I_0}\right]$ 和衰减时间 t 的关系曲线，由直线截距计算胶束浓度，最终根据式（4）计算得到胶束平均聚集数 N_m。

六、思考题

1. 动态荧光探针法如何测定表面活性剂临界胶束浓度？
2. 如何测定混合表面活性剂体系的胶束聚集数？
3. 比较胶束平均聚集数的几种测定方法的优缺点和适用前提条件。

七、参考文献

[1] 赵莉，阎云，黄建滨. 荧光探针技术在水溶液两亲分子有序组合体研究中的应用. 物理化学学报，2010，26：840-849.

[2] Alargova R G，Kochijashky I I，Sierra M L，et al. Mixed micellization of dimeric (gemini) surfactants and conventional surfactants：II. Cmc and micelle aggregation numbers for various mixtures. J Colloid

Interface Sci，2001，235：119-129.

[3] Chen S H，Duhame J，Peng B L，et al. Interactions between a series of pyrene end-labeled poly (ethylene oxide) and sodium dodecyl sulfate in aqueous solution probed by fluorescence. Langmuir，2014，30：13164-13175.

[4] Mallick S，Pal K，Koner A L. Probing microenvironment of micelle and albumin using diethyl 6-(dimethylamino) naphthalene-2，3-dicarboxylate：an electroneutral solvatochromic fluorescent probe. J Colloid Interface Sci，2016，467：81-89.

实验二十一　无机盐对临界胶束浓度和胶束平均聚集数的影响

一、实验目的

理解无机盐对表面活性剂临界胶束浓度和胶束平均聚集数的影响。

二、实验原理

除了表面活性剂本身分子结构，外界环境对其临界胶束浓度（*cmc*）和胶束平均聚集数（N_m）也产生重要影响，如无机盐、添加剂、温度等[1-5]。

对离子型表面活性剂来说，外加无机盐使其 *cmc* 显著下降。对非离子和两性表面活性剂来说，外加无机盐对 *cmc* 的影响不像离子型表面活性剂那样明显。而无机盐的加入使表面活性剂的胶束平均聚集数增大[1-4]。

本实验利用荧光探针法测定不同无机盐浓度下十二烷基硫酸钠的临界胶束浓度和胶束平均聚集数。

三、实验仪器和试剂

Cary Eclipse 型荧光分光光度计，USC-302 型超声波浴槽，SHZ-82 型恒温水浴器，具塞三角瓶，分析天平，容量瓶，移液管，比色皿等。

荧光探针分子芘（Py），十二烷基硫酸钠（SDS），二苯甲酮，氯化钠，无水甲醇，二次蒸馏水（电导率 $7.8\times10^{-7}S\cdot cm^{-1}$，美国 Millipore Synergy UV 二次蒸馏水系统）。

四、实验步骤

1. 临界胶束浓度的测定

1）溶液的配制

以荧光探针分子 Py 的饱和水溶液为溶剂，精确配制不同浓度的 NaCl 水溶液：0、$0.02mol\cdot L^{-1}$、$0.03mol\cdot L^{-1}$、$0.10mol\cdot L^{-1}$。然后分别以上述溶液为溶剂，精确配制一系列不同浓度的表面活性剂水溶液：$5\times10^{-4}mol\cdot L^{-1}$、$1\times10^{-3}mol\cdot L^{-1}$、$2\times10^{-3}mol\cdot L^{-1}$、$4\times10^{-3}mol\cdot L^{-1}$、$6\times10^{-3}mol\cdot L^{-1}$、$7\times10^{-3}mol\cdot L^{-1}$、$8\times10^{-3}mol\cdot L^{-1}$、$9\times10^{-3}mol\cdot L^{-1}$、$9.5\times10^{-3}mol\cdot L^{-1}$、$1\times10^{-2}mol\cdot L^{-1}$、$1.5\times10^{-2}mol\cdot L^{-1}$、$2\times10^{-2}mol\cdot L^{-1}$、$3\times10^{-2}mol\cdot L^{-1}$。将上述样品在超声波浴槽中分散 5min 后，置于恒温水浴［(40±1.0)℃］中恒温

24h，由稀到浓逐一测定各溶液中 Py 的荧光发射光谱。

（2）采用荧光探针法测定 *cmc*，具体步骤见“实验十七”。

2. 胶束平均聚集数的测定

（1）溶液的配制

① 以荧光探针分子 Py 的饱和水溶液为溶剂，精确配制不同浓度的 NaCl 水溶液：0、0.02mol·L^{-1}、0.03mol·L^{-1}、0.10mol·L^{-1}。然后分别以上述溶液为溶剂，精确配制浓度为 5 倍 *cmc* 的 SDS 水溶液（不同浓度 NaCl 存在时的 *cmc*）。

② 猝灭剂（Q）二苯甲酮用无水甲醇配制成浓度 c_Q 为 0.2mol·L^{-1} 的标准溶液备用。猝灭剂的浓度范围选为 0～1.0mmol·L^{-1}。

③ 分别向 6 个洁净干燥的 50mL 具塞三角瓶中准确移取 0、5μL、10μL、15μL、20μL、25μL 的二苯甲酮-甲醇溶液，用纯 N_2 吹干甲醇。精确移取 5mL 事先配制好的 SDS 溶液，在超声波浴槽中分散 5min 后，置于恒温水浴［(40±1.0)℃］中恒温 24h，由稀到浓逐一测定各溶液中 Py 的荧光发射光谱。

（2）采用稳态荧光猝灭法测定 N_m，具体步骤见“实验十九”。

五、数据记录与处理

1. 数据记录

室温：________；大气压：________；实验温度：________

（1）*cmc* 的测定

序号	c_{NaCl}/mol·L^{-1}	c_{SDS}/mmol·L^{-1}	I_3	I_1	I_3/I_1
1					
2					
3					
…					

（2）N_m 的测定

序号	c_{NaCl}/mol·L^{-1}	c_{SDS}/mmol·L^{-1}	c_Q/mmol·L^{-1}	I_1			
				(1)	(2)	(3)	平均值
1							
2							
3							
…							

2. 数据处理

（1）以实验测得的 I_3/I_1 对表面活性剂浓度的 $\lg c$ 作图，利用一阶导数最大值法求出 cmc。

（2）作 $\ln\frac{I_1^0}{I_1}$-$\frac{c_Q}{c-cmc}$ 关系曲线，求取胶束平均聚集数 N_m。

六、思考题

1. 无机盐对表面活性剂临界胶束浓度和胶束平均聚集数产生影响的原因是什么？

2. 反离子价态对临界胶束浓度和胶束平均聚集数的影响规律如何？

3. 表面活性剂临界胶束浓度和胶束平均聚集数的影响因素还有哪些？如何影响？

七、参考文献

[1] 颜肖慈，罗明道．界面化学．北京：化学工业出版社，2004.

[2] 金谷．表面活性剂化学．合肥：中国科学技术大学出版社，2013.

[3] 崔正刚．表面活性剂、胶体与界面化学基础．北京：化学工业出版社，2013.

[4] Khan F，Siddiqui U S，Khan I A，et al. Physicochemical study of cationic gemini surfactant butanediyl-1，4-bis（dimethyldodecylammonium bromide）with varous counterions in aqueous solution. Colloids Surf A：Physicochem Eng Asp，2012，394：46-56.

[5] Akram M，Yousuf S，Sarwar T，et al. Micellization and interfacial behavior of 16-E2-16 in presence of inorganic and organic salt counterions. Colloids Surf A：Physicochem Eng Asp，2014，441：281-290.

实验二十二　水溶液中表面活性剂胶束的增溶作用

一、实验目的

1. 理解表面活性剂胶束增溶作用的原理。
2. 掌握浊度法测定表面活性剂胶束增溶能力的方法。

二、实验原理

某些难溶或不溶于水的有机物可因表面活性剂形成了胶束而溶解度大大提高，这种现象称为增溶作用。显然增溶作用与胶束形成有关，必须在表面活性剂临界胶束浓度（*cmc*）以上才能发生。增溶作用是热力学自发过程，整个体系趋于稳定。

研究表明，增溶物在胶束中的位置取决于增溶物的性质，可能的位置包括：①胶束内核，如非极性烃类的增溶，如图 1（a）所示；②胶束中定向的表面活性剂分子之间形成“栅栏”结构，如醇类等极性有机物的增溶，如图 1（b）所示；③形成胶束的表面活性剂的亲水基团之间，尤其是非离子的聚氧乙烯链中，如极性小分子的增溶，如图 1（c）所示；④胶束的表面，如短链芳烃等较易极化的化合物的增溶，如图 1（d）所示[1-4]。

增溶作用的测定方法包括比色法、浊度法、光散射法等[1-5]。本实验采用浊度法测定表面活性剂胶束的增溶作用。当水溶液中表面活性剂浓度超过临界胶束浓度时，表面活性剂分子将形成胶束。由于胶束内形成了小范围的非极性区，原来不溶于水的非极性物质可溶于非极性的胶束内。当加入的非极性物质超过增溶极限后，溶液就出现浑浊，而且超过量越多就越浑浊。溶液的浑浊度将决定光的透过率，因此可以通过测定吸光度的办法来确定表面活性剂对某非极性物质的增溶极限。以增溶物加入量为横坐标，吸光度为纵坐标作图，可得到吸光度-增溶物加入量关系曲线，如图 2 所示。图中曲线转折点所对应的增溶物加入量即为该胶束溶液的增溶极限 A。 表面活性剂的增溶能力 A_M 可用一定量的表面活性剂增溶

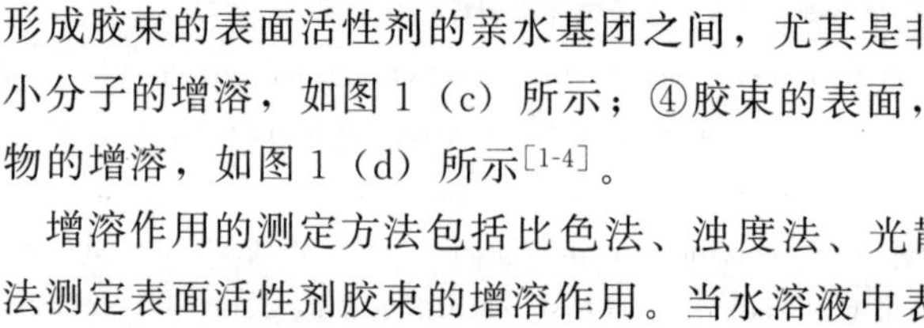

图 1　增溶物在胶束中的位置

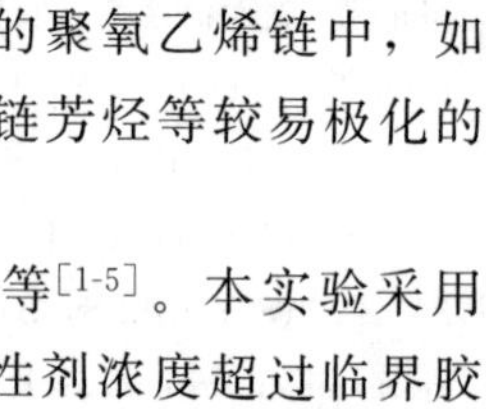

图 2　吸光度随正辛醇加入量的变化曲线

被增溶物的增溶极限值来表示，根据式（1）计算可得。

$$A_M = \frac{A \times 1000}{V \times c} \tag{1}$$

三、实验仪器和试剂

722 型分光光度计，SHZ-82 型恒温水浴器，分析天平，容量瓶，移液管，比色皿等。

脂肪醇聚氧乙烯醚硫酸酯钠盐（AES），正辛醇，二次蒸馏水（电导率 $7.8 \times 10^{-7} S \cdot cm^{-1}$，美国 Millipore Synergy UV 二次蒸馏水系统）。

四、实验步骤

1. 溶液的配制

（1）精确配制 $0.01 mol \cdot L^{-1}$ 的 AES 水溶液 500mL。

（2）取 8 个 100mL 容量瓶，分别加入正辛醇 0、0.10mL、0.14mL、0.20mL、0.24mL、0.30mL、0.34mL、0.40mL，再准确移取 AES 溶液 50mL，用洗耳球加压呈射流状加入容量瓶中，盖好塞子，静置过夜，使体系充分达到平衡。

（3）将容量瓶放入恒温水浴［(50±0.1)℃］中恒温 30min 后，用二次蒸馏水稀释至刻度，摇匀，静置 30min，使体系达到平衡。

2. 吸收光谱的测定

（1）打开分光光度仪电源，预热 10min。

（2）测定溶液在 600nm 波长处的吸光度 A，记录数据。每次测定时要将溶液摇匀。

3. 实验结束

（1）测试结束后，关闭分光光度计电源。

（2）做好仪器使用登记，打扫实验室卫生。

五、数据记录与处理

1. 数据记录

室温：________；大气压：________；实验温度：________

序号	1	2	3	4	5	6	7	8
正辛醇加入量/mL								
吸光度								

2. 数据处理

(1) 绘制正辛醇加入量-吸光度关系曲线，根据曲线转折点求取该胶束溶液的增溶极限 A。

(2) 根据式 (1) 计算该胶束溶液对正辛醇的增溶能力 A_M。

六、思考题

1. 影响表面活性剂胶束增溶作用的因素有哪些？如何影响？

2. 简述不同增溶物在胶束中的增溶位置。

3. 本实验用洗耳球加压呈射流状将表面活性剂溶液加入容量瓶中，这样操作的原因是什么？

七、参考文献

[1] 颜肖慈，罗明道. 界面化学. 北京：化学工业出版社，2004.

[2] 崔正刚. 表面活性剂、胶体与界面化学基础. 北京：化学工业出版社，2013.

[3] 北京大学化学系胶体化学教研室. 胶体与界面化学实验. 北京：北京大学出版社，1993.

[4] Zana R. Dimeric and oligomeric surfactants. Behavior at interfaces and in aqueous solution：a review. Adv Colloid Interface Sci，2002，97：205-253.

[5] Yadav S K，Parikh K，Kumar S. Solubilization potentials of single and mixed oppositely charged gemini surfactants：a case of polycyclic aromatic hydrocarbons. Colloids Surf A：Physicochem Eng Asp，2017，514：47-55.

实验二十三　表面活性剂自发囊泡的制备和尺寸大小

一、实验目的

1. 掌握表面活性剂自发囊泡的制备方法。
2. 理解表面活性剂自发囊泡的结构和性质。

二、实验原理

表面活性剂在溶液中能够自组装形成不同形貌的有序分子聚集体，如球状胶束、蠕虫状胶束、囊泡等。与胶束不同，囊泡是由表面活性剂双分子层形成的球形或椭球形或扁球形的单室或多室密闭结构。囊泡的独特结构赋予其极大的包容性，既可以包容亲水性物质也可以包容亲油性物质，从而具有多种用途。囊泡是表面活性剂有序分子聚集体的胶体分散体系，具有暂时的稳定性，其外观多表现为乳光现象，可根据溶液外观初步判断囊泡的形成。然后利用冷冻透射电子显微镜技术、光散射法及流变学方法等表征囊泡的形貌、尺寸和流变行为[1]。

双链两亲分子、单链脂肪酸分子、阴/阳离子表面活性剂混合体系均可以形成囊泡[1-5]。本实验以单链不饱和脂肪酸和阴/阳离子表面活性剂混合体系制备表面活性剂囊泡，并利用 ZetaPALS 型 Zeta 电位及纳米粒度分析仪表征囊泡尺寸。

三、实验仪器和试剂

ZetaPALS 型 Zeta 电位及纳米粒度分析仪，分析天平，容量瓶，比色皿，烧杯等。

油酸钠，十六烷基三甲基溴化铵（CTAB），十二烷基磺酸钠（AS），硼酸，硼砂，二次蒸馏水（电导率 $7.8\times10^{-7}\mathrm{S\cdot cm^{-1}}$，美国 Millipore Synergy UV 二次蒸馏水系统）。

四、实验步骤

1. 脂肪酸囊泡的制备

配制 pH 8.5 的硼酸-硼砂缓冲溶液 100mL。以上述硼酸-硼砂缓冲溶液为溶剂，配制 $3\mathrm{mmol\cdot L^{-1}}$ 油酸溶液，静置过夜，任其自组装，制备脂肪酸囊泡。观察溶液外观，记录实验现象。调节溶液 pH 至 6 和 10，观察溶液外观，记录实验现象。

2. 正负离子囊泡的制备

配制浓度为 $5\mathrm{mmol\cdot L^{-1}}$、CTAB 和 AS 混合比为 1∶1 的正负离子混合溶

液，超声30min后静置，制备正负离子囊泡。观察溶液外观，记录实验现象。

3. 囊泡尺寸分析

使用ZetaPALS型Zeta电位及粒度分析仪测定两种囊泡的尺寸。

（1）打开仪器开关及电脑。

（2）打开“BIC Particle Sizing Software”程序，选择所要保存数据的文件夹（File-Datebase-Create Fold新建文件夹；File-Datebase-双击所选文件夹-数据可自动保存在此文件夹），待机器稳定15～20min后使用。

（3）将囊泡溶液加入比色皿（水相用塑料，有机相用玻璃）中，盖上比色皿盖，插入样品槽，关上黑色盖子。

（4）点击程序界面“parameters”，对测量的参数进行设置：“Sample ID”输入样品名；“Runs”扫描次数；“Temp.”设置温度（5～70℃）；“Liquid”选择溶剂（Unspecified是未知液，可输入“Viscosity”和“Ref. Index”值，可以查文献，其中“Ref. Index”可由阿贝折射仪测得）；“Angle”在90°不能改；“Run Duration”是扫描时间，一般2min，观察程序界面左上角“Count Rate”如小于20Kcps，则延长测量时间（5min或更长）。

（5）“Start”开始测量。

（6）数据分析：程序界面左上角“Effective Diameter”是直径，“Polydispersity”是多分散系数（＜0.02是单分散体系，0.02～0.08是窄分布体系，＞0.08是宽分布体系），“Avg. Count Rate”是光强；右上角“Lognomal”可得到对数图，“MSD”是多分布宽度，“Corr. Funct.”是相关曲线图（非常重要，数据可信度参考相关曲线图，测量基线要回归到计算基线上）；点击“Zoom”可选择Intensity、Volume、Surface Area和Number；点击“Lognomal Summary-Copy for Spreadsheet”可拷贝数据，点击“Copy to Cliboard”可将图拷贝到写字板。程序左下角的“Copy to Cliboard”也可将图拷贝到写字板，“Turn Dust Filter Off”是数据保有率。

（7）关闭仪器和电脑主机。

五、数据记录与处理

室温：________；大气压：________；实验温度：________

1. 记录实验现象

2. 囊泡粒径分析

六、思考题

1. 囊泡的制备方法有哪些？

2. 囊泡的形成机制是什么?

3. 如何增强囊泡的稳定性?

4. 如何表征囊泡形貌?

七、参考文献

[1] 金谷. 表面活性剂化学. 合肥：中国科学技术大学出版社，2013.

[2] Lv J，Qiao W H，Li Z S. Vesicles from pH-regulated reversible gemini amino-acid surfactants as nanocapsules for delivery. Colloids Surf B-Biointerf，2016，146：523-531.

[3] Fameau A L，Arnould A，Saint-Jalmes A. Responsive self-assemblies based on fatty acids. Curr Opin Colloid Interface Sci，2014，19：471-479.

[4] Morigaki K，Walde P. Fatty acid vesicles. Curr Opin Colloid Interface Sci，2007，12：75-80.

[5] Yin H Q，Zhou Z K，Huang J B，et al. Temperature-induced micelle to vesicle transition in the sodium dodecylsulfate/dedocyltriethylammonium bromide system. Angew Chem Int Ed，2003，42：2188-2191.

Ⅳ

表面活性剂在液-液界面和液-固界面的吸附

表面活性剂分子除了能在气-液界面吸附外，还能在液-液界面（如油-水界面）发生吸附，降低油-水界面张力，从而具有乳化功能，使油、水两个不能够互相溶解的液相体系形成乳状液，在脂肪醇等极性有机物的协助下，能够形成更加稳定、外观近乎透明的微乳状液。表面活性剂分子也可以在液-固界面发生吸附，从而影响固体表面的润湿性。

本章总共安排了6个实验项目，分别从表面活性剂降低油-水界面张力、乳状液和微乳液、表面活性剂在平滑固体表面和纺织品表面的吸附等角度，围绕表面活性剂在液-液界面和液-固界面的吸附展开。

实验二十四　油-表面活性剂水溶液的界面张力曲线

一、实验目的

1. 掌握旋转滴测定油-表面活性剂水溶液界面张力的原理。
2. 学会使用旋转滴界面张力仪测定油-表面活性剂水溶液的界面张力的方法。

二、实验原理

界面张力是在液-液界面上或其切面上垂直作用于单位长度上的使界面收缩的力，单位是 $N\cdot m^{-1}$ 或 $mN\cdot m^{-1}$。在两个互不相溶的液-液体系中，加入表面活性剂能使液-液界面张力降低。表面活性剂分子在油水两相中的分配直接影响界面张力的大小，与表面活性剂水溶液的表面张力类似，油-表面活性剂水溶液的界面张力也随表面活性剂浓度增大而下降[1-2]。

与表面张力一样，界面张力的测定方法包括 Whilhemy 吊片法、Du Noüy 环法、滴体积法、滴外形法和旋转液滴法等[1-5]。其中旋转液滴法可测定小于 $10^{-2}mN\cdot m^{-1}$ 的界面张力，是目前测定界面张力尤其是超低界面张力最简便的方法。本实验利用旋转液滴法测定油-表面活性剂水溶液的界面张力。在样品管中装满高密度相，然后再在高密度相中注入一滴低密度相（液滴），将其置于旋转液滴仪中，样品管在马达的带动下以角速度 ω 转动，在离心力、重力和界面张力的作用下液滴在样品管的中心轴线上，并且被拉伸变形，形成圆柱形液滴，如图 1 所示。界面张力可根据式（1）计算：

$$\gamma=\frac{\omega^2\Delta\rho r^3}{4} \tag{1}$$

式中，γ 是界面张力，$mN\cdot m^{-1}$；ω 是角速度，$r\cdot min^{-1}$；$\Delta\rho$ 是两相密度差，$g\cdot cm^{-3}$；r 是液滴短轴半径，cm。

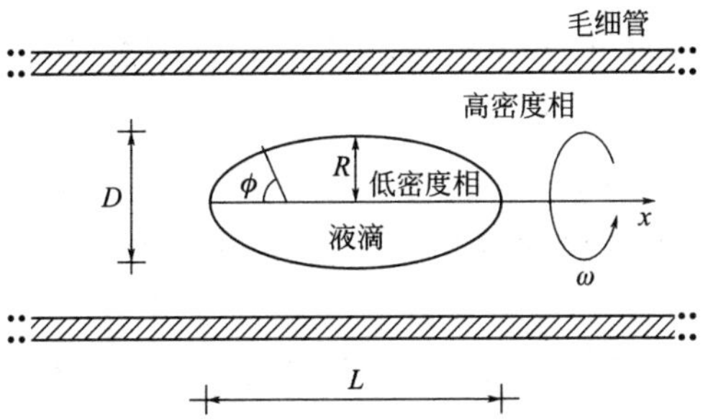

图 1　旋转滴测定界面张力

本实验采用SVT20N型旋转滴界面张力仪测定庚烷-十二烷基硫酸钠（SDS）水溶液的界面张力。在液滴变化过程中，SVT20N型旋转滴界面张力仪软件控制系统会一直追踪液滴的形状并拟合出其轮廓，利用Young-Laplace方程式（2）算出界面张力值。

$$\gamma\left(\frac{1}{R_1}+\frac{1}{R_2}\right)=\frac{\Delta\rho}{2}R^2(x)\omega^2 \tag{2}$$

式中，R_1、R_2分别为曲面在正交方向上的两个曲率半径。

三、实验仪器和试剂

SVT20N型旋转滴界面张力仪，量筒，烧杯，镊子，洗瓶，温度计。

十二烷基硫酸钠（SDS），庚烷，二次蒸馏水（电导率$7.8\times10^{-7}\mathrm{S\cdot cm^{-1}}$，美国Millipore Synergy UV二次蒸馏水系统）。

四、实验步骤

1. 溶液的配制

精确配制一系列不同浓度的SDS水溶液：$1\times10^{-4}\mathrm{mol\cdot L^{-1}}$、$5\times10^{-4}\mathrm{mol\cdot L^{-1}}$、$7.5\times10^{-4}\mathrm{mol\cdot L^{-1}}$、$1\times10^{-3}\mathrm{mol\cdot L^{-1}}$、$5\times10^{-3}\mathrm{mol\cdot L^{-1}}$、$1\times10^{-2}\mathrm{mol\cdot L^{-1}}$、$5\times10^{-2}\mathrm{mol\cdot L^{-1}}$、$1\times10^{-1}\mathrm{mol\cdot L^{-1}}$。将上述样品置于恒温水浴中于（25±1.0）℃下恒温，由稀到浓逐一测定庚烷-SDS水溶液的界面张力γ。

2. 界面张力的测定

（1）打开计算机，开启SVT20N型旋转液滴界面张力仪，直到自检程序完成（背景灯熄灭后再等待10min）后才可运行系统软件。

（2）打开恒温槽，设置温度。打开SVT20软件。

（3）测量前校正：

① 放样品：旋钮打到"open"，顺时针拧掉右边盖子，水平放入样品管（使标样白棒在中间），旋钮打到"close"，装上右边盖子。

② 参数设置：选择"Calibrate"模式，放大倍数（Vertical Scale）为0，输入样品密度"phase 1"和标准白棒密度"phase 2"，转速为$4000\mathrm{r\cdot min^{-1}}$，重复次数设为30次，标准白棒直径1.203mm。

③ 调整转速："Device Control"→"Rotation Speed"，每次升高200～300，直到3000，点击Apply。

④ 标准白棒测量：在屏幕上选择标准白棒的范围，确定液滴上下边界，等待边框颜色变化后，点击框中间确定。点击，放大倍数自动显示，点击"Apply"（校正即确定实际放大倍数）。

(4) 样品测定：用待测液润洗样品管。将样品管注入样品溶液，并注入约 0.5μL 庚烷，迅速将样品管安装到界面张力仪上。参照第（3）步进行参数设置，其中“phase 2”为油相密度。选择“Profile Fit”，根据 Young-Laplace 方程计算界面张力，记录该值。

(5) 更换样品，按照（3）～（4）步重复操作，继续测量。每个浓度点测量三次，取平均值。

(6) 试验完毕，关闭仪器，关闭计算机。

五、数据记录与处理

1. 数据记录

室温：________；大气压：________；实验温度：________

浓度 c/mol·L^{-1}	界面张力 γ/mN·m^{-1}			
	1	2	3	平均值

2. 数据处理

作界面张力-表面活性剂浓度对数曲线，并求取该体系中 SDS 的临界胶束浓度 cmc 和 γ_{cmc}。

六、思考题

1. 无机盐对油-表面活性剂水溶液界面张力的影响如何？
2. 如何获得超低界面张力？
3. 还有什么方法能够测定油-表面活性剂水溶液界面张力？

七、参考文献

[1] 颜肖慈，罗明道. 界面化学. 北京：化学工业出版社，2004.
[2] 崔正刚. 表面活性剂、胶体与界面化学基础. 北京：化学工业出版社，2013.
[3] 北京大学化学系胶体化学教研室. 胶体与界面化学实验. 北京：北京大学出版社，1993.
[4] Cinteza O，Dudau M. Synergism in mixed monolayers of alkylpolyglucoside and alkylsorbitan surfactants at liquid/liquid interface. J Surfactans Deterg，2003，6：259-264.
[5] Gurkov T D，Dimitrova D T，Marinova K G，et al. Ionic surfactants on fluid interfaces：determination of the adsorption；role of the salt and the type of the hydrophobic phase. Colloids Surf A：Physicochem Eng Asp，2005，261：29-38.

实验二十五 乳状液的制备、类型鉴别和粒度分析

一、实验目的

1. 掌握乳状液的制备及类型鉴别和粒度分析的基本方法。

2. 理解乳状液稳定性（DLVO）理论。

二、实验原理

乳状液是一种或一种以上液体以液珠的形式均匀地分散于另一种和它不相互溶的液体中形成的热力学不稳定体系。以液珠形式存在的一个相称为分散相，另一相称为连续相。油和水两个液相形成的简单乳状液有两种类型：水包油型（O/W）乳状液和油包水型（W/O）乳状液，如图 1 所示。液珠分散法是鉴别乳状液类型最简单的方法，将 1～2 滴乳状液分别滴加到用于制备乳状液的水相和油相中，如果液珠在水相中分散而在油相中不分散，则乳状液为 O/W 型，反之则为 W/O 型。也可以通过电导率法鉴别乳状液的类型，乳状液的电导率接近于其连续相的电导率，而油的电导率显著低于水的电导率，因此，如果乳状液的电导率接近于水相的电导率，则乳状液为 O/W 型，反之则为 W/O 型[1-2]。

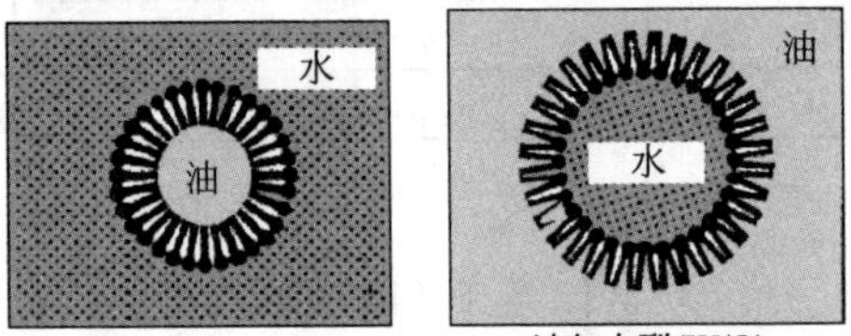

水包油型(O/W)　　油包水型(W/O)

图 1　简单乳状液的结构类型

制备乳状液的主要方法是借助搅拌、超声或高速均质等方法使油水两相充分混合，最终使一相以液珠的形式分散在另一相中。乳状液的液珠大小为 0.1～10μm，外观呈乳白色，可利用沉降分析以及借助纳米粒度仪、光学显微镜、超景深光学显微镜等仪器测定乳状液的液珠大小。乳状液是热力学不稳定体系，导致其不稳定的因素包括沉降、絮凝、聚结以及 Ostwald 熟化[1-2]。

本实验以不同类型的表面活性剂为乳化剂制备乳状液，通过液珠分散法判断乳状液类型，利用纳米粒度仪对乳状液进行粒度分析，并观察乳状液的沉降和絮凝现象。

三、实验仪器和试剂

ZetaPALS 型 Zeta 电位及纳米粒度分析仪，分析天平，电磁搅拌器（带转子），铁架台，铁圈，滴液漏斗，三角瓶，比色皿，烧杯，移液管等。

十二烷基硫酸钠（SDS），OP 乳化剂，甲苯，氯化钙，二次蒸馏水（电导率 $7.8\times10^{-7}S\cdot cm^{-1}$，美国 Millipore Synergy UV 二次蒸馏水系统）。

四、实验步骤

1. 溶液的配制

配制1%（质量分数）的SDS水溶液、1%（质量分数）的OP乳化剂水溶液和10%（质量分数）的$CaCl_2$水溶液各50mL，留存备用。

2. 乳状液的制备

（1）用移液管移取20mL 1%SDS水溶液于50mL三角瓶中，放入一个转子，置于电磁搅拌器上。将铁圈固定在铁架台上，放上滴液漏斗，使滴液漏斗的出口伸入置于电磁搅拌器上的三角瓶口中，滴液漏斗中放入20mL甲苯。开动电磁搅拌器，在高速搅拌状态下慢慢滴加甲苯，观察体系颜色和黏度的变化。甲苯滴加结束后继续搅拌10min，即得到以SDS为乳化剂的乳状液A。

（2）改用1%的OP乳化剂水溶液，按照步骤（1），得到乳状液B。

3. 乳状液的类型鉴别

取两只50mL小烧杯，一个放入约20mL去离子水，另一个放入约20mL甲苯。向两个烧杯中分别滴几滴乳状液A，轻轻摇动烧杯，观察分散情况。若乳液在水中分散，在油中不分散，即为水包油（O/W）型乳状液，反之为油包水（W/O）型乳状液。对乳状液B采用同样的方法进行类型鉴别。

4. 乳状液的不稳定性

（1）沉降：将制备的乳状液放置半小时，观察分层现象。

（2）絮凝和聚结（破乳）：将乳状液A和乳状液B分别一分为二，分别向其中一份中加入2mL 10% $CaCl_2$水溶液，轻轻摇动，混合均匀，放置过夜，观察现象并解释。

5. 乳状液的粒度分析

使用ZetaPALS型Zeta电位及粒度分析仪对乳状液A和乳状液B进行粒度分析。具体步骤参见实验二十三。

五、数据记录与处理

1. 数据记录

室温：________；大气压：________；实验温度：________

记录实验现象。

2. 数据处理

（1）判断乳状液的类型。

（2）分析乳状液的稳定性。

(3) 绘制乳状液的粒度柱状分布图。

六、思考题

1. 乳化剂类型有哪些?
2. 表面活性剂作为乳化剂，其对乳状液的稳定的作用原理是什么?
3. 破乳的方法有哪些?
4. 选择破乳剂应遵循什么原则?

七、参考文献

[1] 颜肖慈，罗明道. 界面化学. 北京：化学工业出版社，2004.

[2] 崔正刚. 表面活性剂、胶体与界面化学基础. 北京：化学工业出版社，2013.

[3] 张太亮，鲁红升，全红平，等. 表面及胶体化学实验. 北京：化学工业出版社，2011.

[4] 北京大学化学系胶体化学教研室. 胶体与界面化学实验. 北京：北京大学出版社，1993.

[5] Binks B P, Rodrigues J A, Frith W J. Synergistic interaction in emulsions stabilized by a mixture of silica nanoparticles and cationic surfactant. Langmuir, 2007, 23: 3626-3636.

[6] Trujillo-Cayado L A, Alfaro M C, Garcia M C, et al. Physical stability of *N*,*N*-dimethyldecanamide/alpha-pinene-in water emulsions as influenced by surfactant concentration. Colloids Surf B: Biointerf, 2017, 149: 154-161.

实验二十六　微乳液的制备、性质及其拟三元相图

一、实验目的

1. 掌握微乳液的制备方法。
2. 理解微乳液的性质和拟三元相图的意义。

二、实验原理

微乳液是两种不互溶液体形成的热力学稳定的、各向同性的、外观透明或半透明的分散体系，微观上由表面活性剂界面膜所稳定的一种或两种液体的微滴构成。微乳液与乳状液类似，也分为水包油（O/W）型或油包水（W/O）型[1-4]。

微乳体系是多组分体系，研究微乳体系中平衡共存的相数及其组成和相边界等相行为的最方便有效的工具是相图。等温等压下，三组分体系的相行为可用平面三角形来表示，即三元相图。对于三组分以上的微乳体系，可以采用变量合并法，使实际独立变量不超过三个，仍然用三角相图来表示其相行为。这样的相图称为拟三元相图，如图1所示[1-4]。

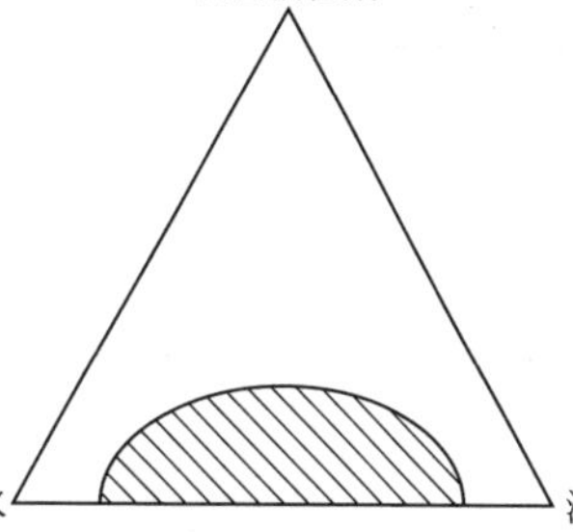

图1　水-油-表面活性剂形成的微乳体系的三元相图

三、实验仪器和试剂

SHZ-82型恒温水浴器，分析天平，电磁搅拌器（带转子），超声波清洗器，烧杯，酸式滴定管等。

十六烷基三甲基溴化铵（CTAB），正辛醇，正辛烷，二次蒸馏水（电导率 $7.8\times10^{-7}S\cdot cm^{-1}$，美国 Millipore Synergy UV 二次蒸馏水系统）。

四、实验步骤

1. 复合乳化剂的配制[5]

称取0.5g CTAB和0.75g正辛醇于烧杯中，在电磁搅拌器上混合均匀，放置备用。

2. 微乳液的制备

（1）将复合乳化剂混合液视为一个组分，将复合乳化剂混合液与正辛烷按不

同的质量比混合均匀，质量比分别为 9∶1、8∶2、7∶3、6∶4、5∶5、4∶6、3∶7、2∶8、1∶9。超声乳化 40min 后，置于恒温水浴［(25±1)℃］中恒定 30min。

(2) 用酸式滴定管逐滴加入蒸馏水，并不断搅拌，当体系由浑浊变为澄清时即为微乳液的形成点，记录此时蒸馏水的加入量。继续滴加蒸馏水，当体系由澄清再次变回浑浊时即为微乳液的消失点，记录此时蒸馏水的加入量。

(3) 利用目测观察法判断微乳液的形成，根据复合乳化剂、正辛烷、水三种组分的含量绘制微乳体系的拟三元相图。

五、数据记录与处理

1. 数据记录

室温：________；大气压：________；实验温度：________

序号	乳化剂和正辛烷的质量比	乳化剂质量/g	正辛烷质量/g	水的质量/g	乳化剂质量分数/%	正辛烷质量分数/%	水的质量分数/%
1	9∶1						
2	8∶2						
3	7∶3						
4	6∶4						
5	5∶5						
6	4∶6						
7	3∶7						
8	2∶8						
9	1∶9						

2. 数据处理

根据复合乳化剂、正辛烷、水三种组分的含量绘制微乳体系的拟三元相图。

六、思考题

1. 微乳液的制备方法有哪些？
2. 微乳液的形成机理是什么？
3. 微乳液拟三元相图的作用是什么？
4. 比较微乳液与乳状液和胶束溶液的异同。

七、参考文献

[1] 颜肖慈，罗明道. 界面化学. 北京：化学工业出版社，2004.

[2] 崔正刚. 表面活性剂、胶体与界面化学基础. 北京：化学工业出版社，2013.
[3] Binks B P. Relationship between microemulsion phase-behavior and microemulsion type in systems containing nonionic surfactant. Langmuir，1993，9：25-28.
[4] Sripriya R，Raja K M，Santhosh G，et al. The effect of structure of oil phase，surfactant and co-surfactant on the physicochemical and electrochemical properties of bicontinuous microemulsion. J Colloid Interface Sci，2007，314：712-717.
[5] 严冰，李华锋，李静，等. 微乳液体系拟三元相图及其微观结构的研究. 能源化工，2016，37：60-64.

实验二十七　盐度扫描法测定微乳液的相转变

一、实验目的

1. 理解微乳液相转变的原理以及下相微乳液（Ⅰ型）、中相微乳液（Ⅲ型）和上相微乳液（Ⅱ型）。

2. 掌握盐度扫描法实施微乳液的相转变。

二、实验原理

典型的微乳体系有三种类型，如图 1（a）所示。第一种微乳体系为下相微乳液和过量油相共存，称为 Winsor Ⅰ型；第二种微乳体系为上相微乳液和过量水相共存，称为 Winsor Ⅱ型；第三种微乳体系出现三相区，为中相微乳液与过量水相和过量油相共存，称为 Winsor Ⅲ型。将含有等体积油和水的特殊微乳体系称为“最佳体系”，相应的参数称为“最佳参数”，如最佳盐度、最佳温度等。

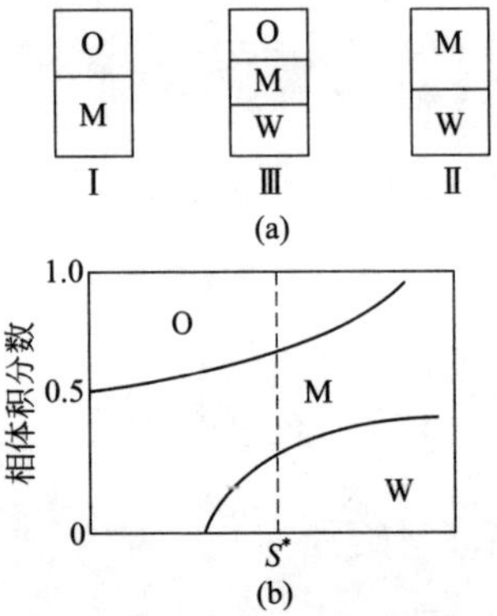

图 1　盐度变化导致的微乳液Ⅰ→Ⅲ→Ⅱ相转变和相体积变化

表面活性剂在油/水两相中的不均匀分布决定了微乳液的类型，因此通过改变盐度、温度、表面活性剂亲水基或亲油基结构、助表面活性剂结构以及油的结构，均可以改变表面活性剂在油/水两相中的分布，从而改变微乳液的类型[1-3]。

本实验采用盐度扫描法对离子型表面活性剂的微乳体系实施相转变[4-5]。随着盐浓度的增加，微乳体系发生从Ⅰ型经过Ⅲ型到Ⅱ型的连续相转变，其相图变化如图 1（b）所示，图中 S^* 即为最佳盐度。

三、实验仪器和试剂

SHZ-82 型恒温水浴器，烧杯，具塞刻度试管，移液管等。

重烷基苯磺酸钠/仲丁醇/脂肪酸聚氧乙烯醚磺酸钠混合液，正辛烷，NaCl 水溶液（质量分数分别为 2.0%、4.5%、5.0%、5.5%、8.0%）。

四、实验步骤

1. 向 5 个 10mL 具塞刻度试管中分别加入 1.98mL 重烷基苯磺酸/仲丁醇/脂肪酸聚氧乙烯醚磺酸钠混合液（乳化体系），2.5mL 正辛烷和 1.25mL NaCl 水溶液（质量分数分别为 2.0%、4.5%、5.0%、5.5%、8.0%），盖上塞子，混合均匀（谨防漏出）。

2. 将具塞刻度试管放入（45±1）℃恒温水浴中，直至体系变透明，观察体系分成几相，读出总体积和相界面所对应的体积数，并观察表面活性剂溶于哪一相。

五、数据记录与处理

1. 数据记录

室温：________；大气压：________；实验温度：________

序号	1	2	3	4	5
NaCl 浓度/%					
总体积/mL					
界面 1/mL					
界面 2/mL					
相界面刻度分数 1					
相界面刻度分数 2					

2. 数据处理

（1）观察加入不同浓度 NaCl 水溶液的微乳液体系的两相→三相→两相变化。

（2）以 NaCl 浓度为横坐标，各相相界面刻度分数为纵坐标，绘制相态图，并求出最佳盐度 S^*。

六、思考题

1. 伴随着微乳液的相转变，微乳体系的物理化学性质如何变化？这些变化对微乳体系的应用有何指导？

2. 非离子型表面活性剂的微乳体系如何实施相转变？会发生怎样的相转变？

3. 对处于最佳状态的微乳体系，其相应的物理化学性质的具体表现如何？

七、参考文献

[1] 颜肖慈，罗明道. 界面化学. 北京：化学工业出版社，2004.

[2] 崔正刚. 表面活性剂、胶体与界面化学基础. 北京：化学工业出版社，2013.

[3] Pal N，Saxena N，Mandal A. Phase behavior，solubilization，and phase transition of a microemulsion system stabilized by a novel surfactant synthesized from castor oil. J Chem Eng Data，2017，62：1278-1291.

[4] Abe M，Yamazaki T，Ogino K，et al. Phase-behavior and physicochemical properties of sodium octyl

sulfate *N*-decane 1-hexanol aqueous alcl3 middle-phase microemulsion. Langmuir，1992，8：833-837.

[5] Aarra M G，Hoiland H，Skauge A. Phase behavior and salt partitioning in two-and three-phase anionic surfactant microemulsion systems：part Ⅱ，partitioning of salt. J Colloid Interface Sci，1999，215：216-225.

实验二十八　表面活性剂对水在平滑固体表面接触角的影响

一、实验目的

1. 掌握躺滴法测定接触角的原理。

2. 学会 OCA40 型光学接触角测量仪的使用。

二、实验原理

当一滴液体滴在固体表面上时，如果液体不能在固体表面上铺展，则会以液滴形式附着在固体表面，形成接触角，如图 1 表示。以气、液、固三相接触点为起点，沿气-液界面（γ_{gl}方向）和固-液界面（γ_{sl}方向）作两个切平面，将液体包在其中，这两个切平面之间的夹角即为接触角，用 θ 表示。θ 的大小反映液体对固体的润湿程度，$\theta \leqslant 0°$时表示液体在固体表面铺展，即完全润湿；$\theta < 90°$时称为润湿；$90° \leqslant \theta \leqslant 180°$时称为不润湿或沾湿。表面活性剂分子在固-液界面上可以定向吸附，从而影响固体表面的润湿性[1-2]。

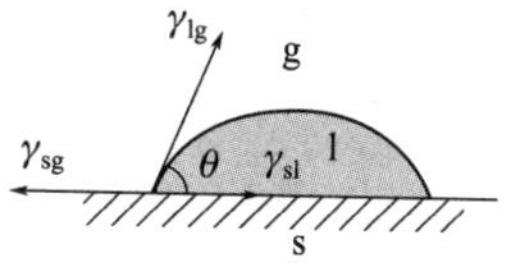

图 1　接触角示意图

测定接触角的方法分为直接法和间接法。直接法包括躺滴法、气泡法、滑滴法和斜板法；间接法是通过测定液体的表面张力间接求出接触角[1-4]。本实验采用躺滴法测定接触角，即通过 OCA40 型光学接触角测量仪观察躺滴的外形[5-6]，利用计算机软件处理图像，在三相交界处作切线，再测量得到角度。

三、实验仪器和试剂

OCA40 型光学接触角测量仪，聚四氟乙烯片、玻璃片等。

十二烷基硫酸钠（SDS）水溶液，二次蒸馏水（电导率 7.8×10^{-7} S · cm^{-1}，美国 Millipore Synergy UV 二次蒸馏水系统）。

四、实验步骤

1. 按照“实验七”的实验步骤，测定纯水和 SDS 水溶液在聚四氟乙烯片表面的接触角。

2. 按照“实验七”的实验步骤，测定纯水和 SDS 水溶液在玻璃片表面的接触角。

五、数据记录与处理

1. 数据记录

序号	样品	接触角 θ	
		聚四氟乙烯片	玻璃片
1	纯水		
2	SDS 水溶液		

2. 数据处理

比较纯水和 SDS 水溶液在聚四氟乙烯片以及玻璃片表面的接触角，分析 SDS 对水在固体表面接触角的影响。

六、思考题

1. 表面活性剂对高能表面和低能表面的润湿性影响的机理是什么？
2. 一种表面活性剂对某一固体表面润湿性的影响是否一成不变？
3. 导致接触角滞后的原因有哪些？

七、参考文献

[1] 颜肖慈，罗明道. 界面化学. 北京：化学工业出版社，2004.
[2] 崔正刚. 表面活性剂、胶体与界面化学基础. 北京：化学工业出版社，2013.
[3] 张太亮，鲁红升，全红平，等. 表面及胶体化学实验. 北京：化学工业出版社，2011.
[4] 北京大学化学系胶体化学教研室. 胶体与界面化学实验. 北京：北京大学出版社，1993.
[5] Bourgesmonnier C，Shanahan M. Influence of evaporation on contact-angle. Langmuir，1995，11：2820-2829.
[6] Li Y J，Li X Q，Sun W，et al. Mechanism study on shape evolution and wetting transition of droplets during evaporation on superhydrophobic surfaces. Colloids Surf A：Physicochem Eng Asp，2017，518：283-294.

实验二十九　帆布沉降法测定表面活性剂水溶液的润湿力

一、实验目的

1. 了解帆布沉降法测定表面活性剂水溶液润湿力的原理。
2. 掌握帆布沉降法的测定方法。

二、实验原理

液体润湿固体表面的能力称为润湿力。对于光滑的固体表面，液体的润湿程度通常可用接触角的大小来衡量。对于固体粉末则用润湿热来表示润湿的程度。对于织物（纺织品）则用液体润湿织物所需要的时间来表示润湿程度。最常用的是纱带沉降法和帆布沉降法以及爬布法[1-2]。

由于润湿在洗涤去污中非常重要，本实验介绍纺织品润湿性的测定——帆布沉降法[3]。该法的原理是：一定规格和大小的帆布浸入液体中，在液体浸透帆布前，由于浮力的作用，帆布悬浮在液体中，一定时间后帆布被浸透，其密度大于液体的密度而下沉。显然不同液体对帆布润湿力的大小将表现在沉降时间的长短上，沉降时间越短，则润湿力越强，所以沉降时间可作为润湿力比较的标准。

三、实验仪器和试剂

SHZ-82 型恒温水浴器，分析天平，烧杯，鱼钩，秒表等。

十二烷基硫酸钠（SDS），21 支 3 股×21 支 4 股的标准细帆布，二次蒸馏水（电导率 $7.8\times10^{-7}S\cdot cm^{-1}$，美国 Millipore Synergy UV 二次蒸馏水系统）。

四、实验步骤

1. 实验装置的准备

（1）将标准细帆布剪成直径约为 35mm 的圆片，每块经感量为 1/1000g 的天平称量，质量应在 0.38～0.39g。

（2）取鱼钩一只：每个质量在 20～40mg，也可用同重量的细钢针制成鱼钩状使用。

（3）用直径为 2mm 的镀锌铁丝弯制如图 1 所示的铁丝架。将鱼钩的一端缚以丝线，丝线的末端打一个小圈，套入铁丝架中心处。

2. 润湿力的测定

（1）量取 1000mL 去离子水于大烧杯中，置于恒温水浴［(20±1)℃］中。将鱼钩尖端钩入帆布圈距边约 2～3mm 处，然后将铁丝架搁在烧杯边上，使帆布圈浸浮于试液中，其顶点应在液面下 10～20mm 处，如图 1 所示。立即开启秒表，至帆布圈沉至烧杯底部时，停表，记下沉降所需要的时间。如果帆布圈在 0.5h 后仍不沉降，也结束实验，记沉降时间为＞0.5h。

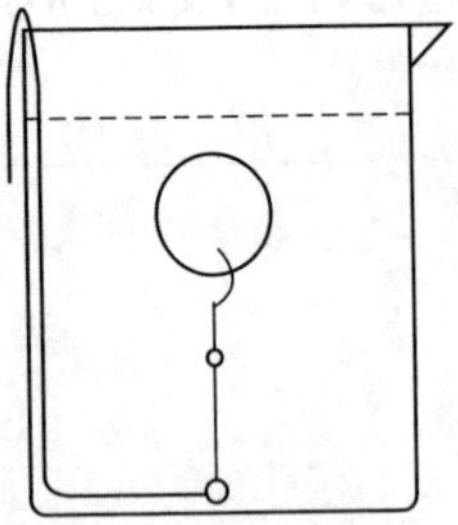

图 1　帆布沉降法测定润湿力

(2) 从上述 1000mL 去离子水中取 30～50mL 至小烧杯中，称取 0.30g 十二烷基硫酸钠（SDS）加入其中，溶解完全后，将 SDS 溶液加入到 1000mL 大烧杯中，搅拌均匀。按照步骤（1）测定 $0.30g \cdot L^{-1}$ 的 SDS 溶液对帆布的润湿力，记录沉降时间。测定三次，取平均值。

(3) 从上述 $0.30g \cdot L^{-1}$ 的 SDS 溶液中取 30～50mL 至小烧杯中，称取 0.25g 十二烷基硫酸钠（SDS）加入其中，溶解完全后，将其加入 1000mL 大烧杯中，搅拌均匀。按照步骤（1）测定 $0.55g \cdot L^{-1}$ 的 SDS 溶液对帆布的润湿力，记录沉降时间。测定三次，取平均值。

(4) 从上述 $0.55g \cdot L^{-1}$ 的 SDS 溶液中取 30～50mL 至小烧杯中，称取 0.20g 十二烷基硫酸钠（SDS）加入其中，溶解完全后，将其加入 1000mL 大烧杯中，搅拌均匀。按照步骤（1）测定 $0.75g \cdot L^{-1}$ 的 SDS 溶液对帆布的润湿力，记录沉降时间。测定三次，取平均值。

五、数据记录与处理

室温：________；大气压：________；实验温度：________

序号	样品	沉降时间/s			
		1	2	3	平均值
1					
2					
3					
4					

六、思考题

1. 表征表面活性剂的润湿力时是否要固定表面活性剂浓度？
2. 表面活性剂结构与其润湿性能之间的关系如何？
3. 为什么阳离子型表面活性剂通常不用作洗涤剂？

七、参考文献

［1］颜肖慈，罗明道. 界面化学. 北京：化学工业出版社，2004.

［2］崔正刚. 表面活性剂、胶体与界面化学基础. 北京：化学工业出版社，2013.

［3］GB/T 11983—2008. 表面活性剂润湿力的测定 浸没法.

V

胶体分散体系

胶体化学是物理化学的一个重要分支，它所研究的内容在化学、物理学、材料科学、生物化学等诸学科都有广泛的应用。胶体化学所研究的主要对象是高度分散的多相系统，即一种物质以极微小的粒子分散在另一种物质中所形成的体系。根据分散相粒子的大小，分散系统可以分为真溶液、胶体系统和粗分散系统。

胶体分散系统是指分散相粒子直径在 1～1000nm 的高分散系统。分散相可以是由许多原子或分子（通常 10^3～10^6 个）组成的有相界面的粒子，也可以是没有相界面的大分子或胶束，前者被称为溶胶，后者为高分子溶液或缔合胶体。

（1）溶胶的分散相粒子很小，且分散相与分散介质间有很大的相界面、很高的界面能，是一种热力学不稳定系统。溶胶的多相性、高分散性和热力学不稳定性特征决定了它有许多不同于真溶液和粗分散系统的性质。

（2）高分子溶液其分散相质点具有胶体颗粒大小，并因此具有一些胶体溶液的性质，如扩散慢、不能透过半透膜等，所以也被称为胶体。但高分子溶液本质上是真溶液，即均相、热力学稳定体系，与热力学不稳定的胶体分散体系在性质上有很大的不同。为了区别，人们将溶胶称为憎液胶体，而将高分子溶液称为亲液胶体（没有相界面，分散相以分子形式溶解，亲和力较强）。

（3）缔合胶体的分散相是由表面活性剂自组装缔合形成的大胶束。通常以水作为分散介质，胶束中表面活性剂的疏水基团聚集在一起形成疏水内核，亲水头基向外构成胶束的外壳，分散相与分散介质之间有很好的亲和性，是一类均相的热力学稳定系统。

这些胶体分散体系在人类的日常生活和许多工业生产过程中随处可见，如牛奶、豆浆、化妆品、血液、油漆、油墨、涂料、各种乳液、泡沫、烟雾、污水等，并涉及分析化学、物理化学、生物化学和分子生物学、化学化工、环境科学、材料科学、石油科学等学科以及医药、农药、食品、日用化工等多个行业。

本章分别从溶胶和缔合胶体两个方面设计安排相关实验11个，内容包括溶胶的制备、光学性能、动力学性能、Zeta电位、稳定性和蠕虫状胶束（缔合胶体）的制备、流变性能及相关影响因素（浓度、温度、反离子、疏水链长等）。旨在通过实验加强对胶体分散体系的认识和相关理论的掌握。

实验三十　化学凝聚法制备碘化银（AgI）/银（Ag）纳米水溶胶

一、实验目的

1. 掌握化学法制备碘化银（AgI）纳米水溶胶的基本原理。
2. 掌握化学法制备银（Ag）纳米水溶胶的基本原理。
3. 了解 AgI 和 Ag 纳米水溶胶的 Tyndall 光学性质及布朗运动。

二、实验原理

溶胶是胶体分散系统的组成之一，是将纳米尺寸的固体颗粒（1～1000nm）分散在液体介质中所形成的多相体系，若颗粒尺寸再大（>1000nm）则称之为悬浮液。由于分散相粒子很小，且分散相与分散介质间有很大的相界面、很高的界面能，因而溶胶属于热力学不稳定系统。溶胶的多相性、高分散性和热力学不稳定性特征决定了它有许多不同于真溶液和粗分散系统的性质，如光的散射、布朗运动等。

溶胶的制备方法主要有两种：分散法和凝聚法。分散法是通过物理作用将大块固体分割到胶体尺寸大小，是一种自上而下的方法，主要包括研磨法、超声分散法、胶溶法等。凝聚法是指通过物理或化学作用，使小分子或离子聚集成胶体尺寸大小，是一种自下而上的方法，主要包括化学反应法和更换介质法。凝聚法的基本原则是形成分子分散的过饱和溶液，控制条件，使不溶物在生长为胶体质点大小时从溶液中析出。相较于分散法，凝聚法不仅能耗小，而且制得的胶体分散度高。

凡是能生成不溶物的复分解反应、水解反应以及氧化还原反应等皆可应用化学反应法制备相应的溶胶，适量电解质的存在有助于所制备溶胶的稳定性。以碘化银（AgI）的制备为例，通过 KI 和 $AgNO_3$ 的复分解反应即可制得 AgI 溶胶，制备过程中通常采用 KI 或 $AgNO_3$ 过量的方式以获得稳定的溶胶。

$$KI + AgNO_3 \longrightarrow KNO_3 + AgI(s)$$

除了用无机电解质作为稳定剂之外，表面活性剂也是一种常用的稳定剂。Ag 纳米水溶胶的制备通常采用还原法。首先通过复分解反应制得卤化银溶胶，然后再通过化学或光还原手段将其还原为银单质，控制适当的条件即可获得 Ag 纳米溶胶。

$$R—\overset{|}{\underset{|}{N}}{}^{\oplus}—Br^{\ominus} + AgNO_3 \longrightarrow AgBr(s) + R—\overset{|}{\underset{|}{N}}{}^{\oplus}—NO_3^{\ominus}$$

$$AgBr(s) \xrightarrow{\text{还原}} Ag(s)$$

如果所用的卤化物为含有长疏水尾链的有机季铵盐，所制得的溶胶体系稳定性更强[1]。此外，纳米 Ag 的表面等离子共振吸收（surface plasmon resonance，SPR），导致纳米 Ag 溶胶在紫外可见区具有最大吸收波长。这为研究纳米银生成的动力学反应提供了极大的帮助。

三、实验仪器和试剂

紫外可见分光光度计，VHX-1000C 光学显微镜，分析天平，Ika 磁力搅拌器，激光笔，凹形载玻片。

滴定管，烧杯，锥形瓶，移液管，比色皿等。

碘化钾，硝酸银，十六烷基三甲基溴化铵（CTAB），十二烷基三甲基溴化铵（DTAB），硼氢化钠，二次蒸馏水（电导率 $7.8\times10^{-7}S\cdot cm^{-1}$，美国 Millipore Synergy UV 二次蒸馏水系统）。

四、实验步骤

1. AgI 纳米水溶胶的制备

（1）分别在两个锥形瓶中准确移取 5mL $0.01mol\cdot L^{-1}$ 的 KI 溶液和 5mL $0.01mol\cdot L^{-1}$ 的 $AgNO_3$ 溶液。

（2）用滴定管向 5mL $0.01mol\cdot L^{-1}$ 的 KI 溶液中准确滴加 4.5mL $0.01mol\cdot L^{-1}$ 的 $AgNO_3$ 溶液，边滴加边搅拌，注意观察记录实验现象。

（3）用滴定管向 5mL $0.01mol\cdot L^{-1}$ 的 $AgNO_3$ 溶液中准确滴加 4.5mL 0.01mol/L 的 KI 溶液，边滴加边搅拌，注意观察记录实验现象。

2. Ag 纳米水溶胶制备

（1）分别将 10mmol CTAB 和 10mmol DTAB 溶解于 50mL 二次蒸馏水中，加热溶解。

（2）称量两份 25mmol $AgNO_3$ 固体，分别加入上述 CTAB 和 DTAB 水溶液中，加热至 70～80℃，搅拌 0.5h，溶液变为亮黄色。

（3）将 5mL $15mol\cdot L^{-1}$ 硼氢化钠水溶液迅速加入以上两份溶液，剧烈搅拌，溶液颜色迅速由黄色变为黑色。在 70～80℃ 恒温条件下继续搅拌 3～5h，得到黑色的纳米 Ag 溶胶。

（4）在反应过程中每隔一段时间取少量反应液，用二次蒸馏水稀释至 1000 倍，测量紫外可见吸收光谱，监测纳米 Ag 溶胶的生成。

3. AgI 和 Ag 纳米水溶胶的 Tyndall 光学性质观察

当一束光线通过胶体溶液时，在与光线射入方向相垂直的方向可以观察到一个发亮的光柱，这种乳光效应被称作 Tyndall 现象。

Tyndall 现象的观察非常简单：将所制备的 AgI 和 Ag 纳米水溶胶分别装在试管内，用激光笔从观察者前方横向照射样品，观察样品中的光柱强弱。

4. AgI 和 Ag 纳米水溶胶的布朗运动观察

（1）在一个干净的凹形载玻片上滴几滴制备好的 AgI 或 Ag 纳米水溶胶（注意：滴加的溶胶应该稀释到合适的倍数才利于观察）。

（2）盖上盖玻片，注意应避免有气泡。

（3）然后将其放到显微镜下进行观察，可以看到溶胶质点所发出的散射光点在不停地做布朗运动。

五、数据记录与处理

1. 详细记录实验中所观察到的现象，并根据所学知识对其做出合理解释。
2. 画出 Ag 纳米水溶胶的紫外可见吸收光谱图，指出最大吸收峰的位置。
3. 画出 AgI 和 Ag 纳米水溶胶的胶团结构示意图。

六、思考题

1. 在制备 AgI 纳米溶胶时，为什么所用的 KI 和 $AgNO_3$ 的物质的量是不相等的？如果二者相等可能会发生什么现象？
2. 在制备 Ag 纳米溶胶时，当 $AgNO_3$ 加入 CTAB 水溶液中后，溶液由无色变为了亮黄色，为什么？
3. 实验中所制备的 AgI 和 Ag 纳米水溶胶的稳定剂分别是什么？
4. 举例说明生活中的 Tyndall 现象。

七、参考文献

[1] He S，Wang B，Chen H，et al. High-concentration silver colloid stabilized by a cationic gemini surfactant. Colloid Surf A：Physicochem Eng Asp，2013，429，98-105.

实验三十一　溶胶-凝胶法制备二氧化硅纳米溶胶

一、实验目的

1. 掌握 Stöber 溶胶-凝胶法制备纳米二氧化硅（SiO_2）水溶胶的基本原理。
2. 熟悉 SiO_2 分散液固含量的测量方法。
3. 熟悉 SiO_2 形貌和结构的表征方法。

二、实验原理

纳米二氧化硅具有粒径小、比表面积大、表面吸附力强、表面能大、化学纯度高、分散性能好等优异性能。纳米 SiO_2 的制备方法主要有物理法和化学法。物理法工艺简单，但粉碎设备一般需要较大动力，能耗大，并且产品易受污染、易带入杂质，粉料特性难以控制，制粉效率低且粒径分布较宽。与物理法相比较，化学法可制得纯净且粒径分布均匀的超细 SiO_2 颗粒。化学法包括化学气相沉积法、离子交换法、沉淀法、溶胶-凝胶法和乳液法等。

溶胶-凝胶法由于其自身独有的特点，成为当今最重要的一种制备 SiO_2 材料的方法。溶胶-凝胶法是以无机盐或金属醇盐为前驱物，经水解缩聚过程逐渐凝胶化，然后经过陈化、干燥等处理，得到所需的材料。该方法最早源于 19 世纪中叶，人们发现正硅酸四乙酯（TEOS）在酸性条件下会产生玻璃态的 SiO_2，到 20 世纪五六十年代，Roy 等发现用此法制备的物质可获得很高的化学均匀性，Stöber 等人发现用氨作为 TEOS 水解反应的催化剂可以控制 SiO_2 粒子的形状和粒径[1]。在碱催化条件下，小半径的 OH^- 直接发动亲核进攻完成水解反应，随着烷氧基的除去，硅原子上的正电性增加，而且空间因素更加有利，亲核进攻变得更为容易。因此，在碱催化条件下 TEOS 的水解较为完全。水解单体中含更多的 Si—OH 基团，这些水解产物以一定量的核为中心进行多维方向缩合，形成球形粒子。采用 Stöber 溶胶-凝胶法制备 SiO_2 粒子主要分为如下两步：

第一步：水解反应

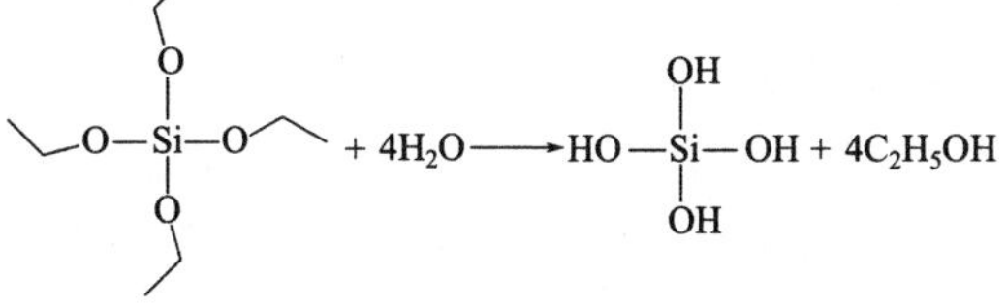

第二步：缩合反应

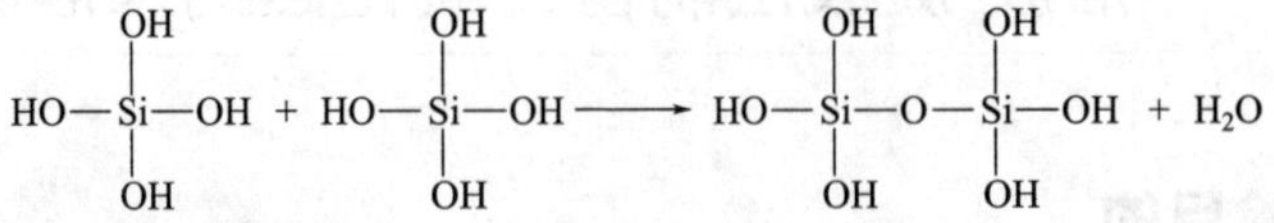

三、实验仪器和试剂

S-4800 扫描电子显微镜（SEM），JEM-2100 透射电子显微镜（TEM），FALA2000104 傅里叶红外光谱仪（FT-IR），IKA RW20 数显搅拌器，HWS12 型电热恒温水浴锅，分析天平，离心机。

三口玻璃烧瓶，锥形瓶，回流冷凝管，温度计，量筒，表面皿，铜网等。

正硅酸四乙酯（TEOS，99%，百灵威科技），无水乙醇，25%（质量分数）氨水，二次蒸馏水（电导率 $7.8\times10^{-7}S\cdot cm^{-1}$，美国 Millipore Synergy UV 二次蒸馏水系统）。

四、实验步骤

1. 搭建实验装置并进行调试：在 500mL 三口瓶上分别安装搅拌器、回流冷凝管（注意进水口与出水口的正确连接）、温度计（注意控制温度计的位置），并用电热恒温水浴锅为反应提供温度控制。

2. 用量筒分别量取 250mL 无水乙醇和 15mL TEOS 依次加入烧瓶内，升温至 50℃，继续搅拌 10min，使溶液充分混合均匀。

3. 用量筒量取 15mL 氨水和 15mL 二次蒸馏水，在烧杯中混合均匀后，一次性加入 500mL 烧瓶内。反应在 50℃恒温水浴、400r/min 条件下继续反应 4h。

4. 反应结束后，通过离心分离出 SiO_2 颗粒，用二次蒸馏水洗涤、离心 3 次，得到浓缩的 SiO_2 分散液。

5. 采用恒重法测量所得 SiO_2 分散液的固含量。

（1）取一干净的表面皿，质量为 m_0，准确称量 1g 左右 SiO_2 分散液，记录其质量为 m_1。

（2）将盛有 SiO_2 分散液的表面皿放入 105℃恒温干燥箱干燥 2h，取出放到干燥器内自然冷却后称重，记为 m_2。

（3）将上述盛有 SiO_2 分散液的表面皿放入 105℃恒温箱继续干燥 1h，取出放到干燥器内自然冷却后称重，记为 m_3。

（4）如果 m_3 和 m_2 相差小于 0.005g，即可停止干燥，如果 m_3 和 m_2 相差大于 0.005g，则继续干燥，直至相邻两次的称量结果之差小于 0.005g。

（5）SiO_2 分散液的固含量 $=\dfrac{m_3-m_0}{m_1}\times100\%$。

6. SiO_2 的红外表征：取部分 SiO_2 分散液真空干燥后获得 SiO_2 固体粉末，采用 KBr 压片法对其官能团进行傅里叶红外（FT-IR）表征，记录红外图谱。

7. SiO_2 的形貌表征：

（1）用二次蒸馏水将所制备的 SiO_2 分散液稀释 100 倍。

（2）滴一滴稀释后的分散液于铜网上，自然风干（注意防尘保护）。

（3）将制好的 SiO_2 样品拿到电镜室进行 SEM 和 TEM 观察，拍照并保存其照片。

五、数据记录与处理

1. 计算所制备的 SiO_2 分散液的固含量。

2. 记录 SiO_2 的傅里叶红外光谱，指出其表面的特征官能团位置。

3. 描述 SEM 和 TEM 所观察到的 SiO_2 纳米颗粒的形貌结构，并统计其粒径大小及分布。

六、思考题

1. Stöber 溶胶-凝胶法制备 SiO_2 纳米粒子的催化剂是什么？是否有其他替代品？

2. Stöber 溶胶-凝胶法制备 SiO_2 纳米粒子需要注意哪些实验过程？

3. 通过控制哪些实验条件有望获得单分散的纳米 SiO_2 颗粒？

4. 采用 Stöber 溶胶-凝胶法制备的 SiO_2 纳米粒子，其表面可能带什么电荷？

七、参考文献

[1] Stöber W，Fink A，Bohn E. Controlled growth of monodisperse silica spheres in the micron size range. J Colloid Interface Sci，1968，26：62-69.

实验三十二　溶剂替换法制备松香/硫溶胶

一、实验目的

1. 掌握溶剂替换法制备溶胶的基本原理。

2. 了解松香/硫溶胶的制备方法和基本特性。

二、实验原理

溶剂替换法是制备溶胶的一种经典方法，属于物理凝聚范畴。这种方法主要是利用同一种物质在不同溶剂中溶解度相差悬殊的特性，使溶解于良溶剂的溶质在加入到不良溶剂后，其溶解度急剧下降，从而导致其以胶体粒子大小从溶液中析出，形成溶胶。相对于化学凝聚法，该方法操作简便，但得到的胶体粒子往往较大，且很难控制其分布。

三、实验仪器和试剂

VHX-1000C 光学显微镜，分析天平，Ika 磁力搅拌器，激光笔。

滴定管，烧杯，锥形瓶，移液管，酒精灯等。

硫黄，乙醇，松香，二次蒸馏水（电导率 $7.8 \times 10^{-7}\ S \cdot cm^{-1}$，美国 Millipore Synergy UV 二次蒸馏水系统）。

四、实验步骤

1. 硫溶胶的制备

（1）取少量硫黄放入玻璃试管内，然后加入 5mL 乙醇，用酒精灯加热至沸腾，搅拌使硫黄充分溶解。

（2）趁热将上层清液用滴管逐滴加入盛有 20mL 去离子水的烧杯中，并辅以磁力搅拌器快速搅拌。注意观察并记录实验现象。

2. 松香溶胶的制备

（1）以乙醇为溶剂，配制 2%的松香溶液。

（2）用滴管将松香的乙醇溶液逐滴滴加到盛有 50mL 二次蒸馏水的烧杯内，并辅以磁力搅拌器快速搅拌。

（3）注意观察并记录实验现象。如果发现有较大的质点，须将溶胶再过滤一次，然后观察所得的结果。

3. 硫/松香溶胶的 Tyndall 光学性质观察

（1）将所制备的硫或者松香溶胶分别在试管内用去离子水稀释 10、100、1000 倍。

（2）用激光笔从观察者前方横向照射样品，观察不同浓度下样品中的光柱强弱。

4. 硫/松香溶胶的布朗运动观察

（1）在一个干净的凹形载玻片上滴几滴制备好的硫或者松香溶胶（注意：滴加的溶胶应该稀释到合适的倍数才利于观察）。

（2）盖上盖玻片，注意应避免有气泡。

（3）然后将其放到显微镜下进行观察，可以看到溶胶质点所发出的散射光点在不停地做布朗运动。

五、数据记录与处理

详细记录实验中所观察到的现象，并根据所学知识对其做出合理解释。

六、思考题

1. 松香和硫黄的不良溶剂是什么？良溶剂是什么？
2. 溶剂替换法制备溶胶的缺点是什么？如何克服？
3. 除了溶剂替换法外，硫溶胶还可以采用什么方法制备？

七、参考文献

[1] 北京大学化学系胶体化学教研室. 胶体与界面化学实验. 北京：北京大学出版社，1993.

实验三十三　胶体粒子 Zeta 电位的测定

一、实验目的

1. 掌握 Zeta 电位的定义及测量方法、原理。
2. 掌握胶体粒子表面带电的原因。
3. 了解电解质对胶体粒子 Zeta 电位的影响。

二、实验原理

溶胶是一种热力学不稳定体系，但有些溶胶却可以在相当长的一段时间内稳定存在。根据 DLVO 理论[1]可知，胶体粒子带电、溶剂化作用和布朗运动是溶胶得以稳定存在的三个重要原因。

胶体粒子之所以带电主要有以下两个原因：

（1）离子吸附　胶体粒子从溶液中选择性吸附某种离子而带电。如通过化学凝聚法制得的溶胶，即通过有选择性的离子吸附而使溶胶带电。

（2）解离　胶体粒子表面上的分子在溶液中发生解离而使其带电，如羧酸基团解离，放出一个质子，自身带负电（$—COOH \rightarrow —COO^- + H^+$），或者离子交换，例如，$Ca^{2+}$交换 COOH 或 COONa 中的 H^+ 或 Na^+。处在溶液中的带电胶体粒子，由于静电吸引力的作用，必然要吸引等电荷量的、与胶体粒子表面所带电荷符号相反的离子在其周围的介质中分布。因此，胶体粒子表面和介质之间就形成了电位差。

为了研究溶胶中反离子在分散介质中的分布规律以及由此导致的界面电势随距离的变化规律，人们提出了双电层理论。从早期的 Helmholtz 平行板电容器模型到 Gouy-Chapman 双电层模型，再到 Stern 扩散双电层模型，逐渐演变完善。

图 1 所示为 Stern 扩散双电层模型，在距吸附界面 AA' 面 δ 处划一个平面 HH'，称为 Stern 面，区域 $AA'HH'$ 称为 Stern 层。假设界面因吸附阴离子而带负电，则在 Stern 层中，除吸附的阴离子以外还有一部分反离子（例如 Na^+）因静电作用而吸附于该层，称为特性吸附，被吸附的反离子称为束缚反离子。Stern 模型的核心是吸附于 Stern 层中的反离子不可能是无限的，其浓度（吸附量）与体相中的反离子浓度之间符合 Langmuir 吸附公式。φ_0 为热力学电势，反映固体表面与溶液本体间的电势差。Ψ_δ 为 Stern 面上的电势，或叫扩散层电势，反映 Stern 面与溶液本体间的电位差。由于静电力的作用，紧密层中的束缚反离子将随带电界面一起运动。界面移动的速度取决于滑动面与介质间的电位差，即 Zeta 电位。

Zeta 电位的大小反映胶体粒子的带电程度。Zeta 电位越高，表明胶体粒子带电越多，其滑动面与溶液本体间的电势差越大，扩散层也越厚。当溶液中电解质的浓度逐渐增大时，介质中反离子的浓度逐渐加大，将压缩扩散双电层使其变薄，把更多的反离子挤进滑动面以内，从而中和胶体粒子固体表面电荷，导致 Zeta 电位在数值上变小。如图 2 所示，当电解质浓度足够大（c_4）时，可使 Zeta 电位降至零。此时相应的状态称为等电态。处于等电态的胶体粒子不带电，极易发生聚沉。

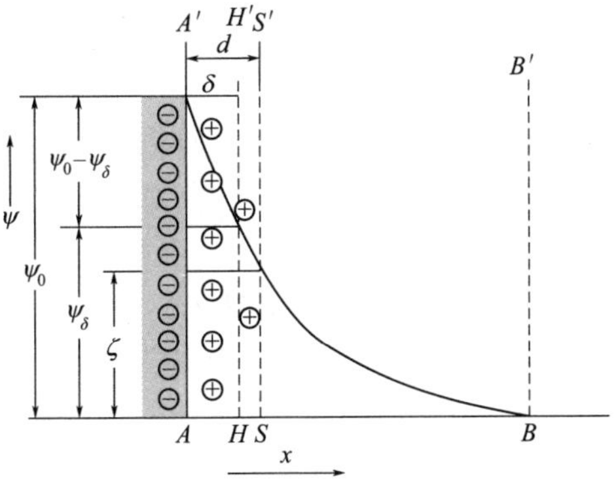

图 1　Stern 双电层模型

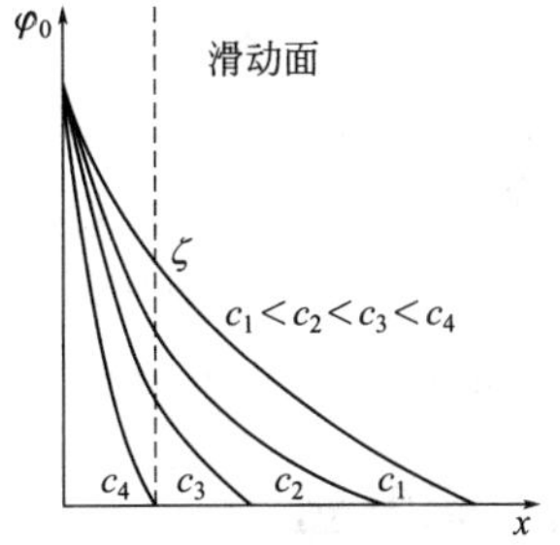

图 2　电解质浓度对 Zeta 电位的影响

三、实验仪器和试剂

ZetaPALS 型 Zeta 电位及纳米粒度分析仪（美国布鲁克海文公司），分析天平，Ika 磁力搅拌器，钯电极。

容量瓶，烧杯，移液管，比色皿等。

纳米二氧化硅溶胶（“实验三十一”所制），纳米碘化银溶胶（“实验三十”所制），纳米银溶胶（“实验三十”所制），硫溶胶（“实验三十二”所制），松香溶胶（“实验三十二”所制），十六烷基三甲基溴化铵（CTAB），盐酸，氢氧化钠，二次蒸馏水（电导率 $7.8\times10^{-7}\,S\cdot cm^{-1}$，美国 Millipore Synergy UV 二次蒸馏水系统）。

四、实验步骤

1. 待测样品的准备

（1）利用二次蒸馏水作为溶剂，分别将纳米二氧化硅溶胶、纳米碘化银溶胶、纳米银溶胶、硫溶胶和松香溶胶稀释至 0.5%（质量分数）。

（2）以 0.5%纳米二氧化硅分散液为溶剂，分别配制 $1\times10^{-6}\,mol\cdot L^{-1}$、$5\times10^{-6}\,mol\cdot L^{-1}$、$1\times10^{-5}\,mol\cdot L^{-1}$、$4\times10^{-5}\,mol\cdot L^{-1}$、$8\times10^{-5}\,mol\cdot L^{-1}$、$1\times$

10^{-4} mol·L^{-1}、2×10^{-4} mol·L^{-1}、5×10^{-4} mol·L^{-1}、1×10^{-3} mol·L^{-1} CTAB溶液。

(3) 用盐酸和氢氧化钠调节0.5%纳米二氧化硅分散液的pH值，使其覆盖pH=2～13的范围。

2. Zeta电位的测定

按照实验十二的Zeta电位测定步骤，测定步骤1所制备的待测样品的Zeta电位。

五、数据记录与处理

1. 记录每一个溶胶的Zeta电位，解释其所带电荷的正负性的原因。
2. 以Zeta电位为纵坐标，CTAB浓度为横坐标作图，观察CTAB对纳米二氧化硅溶胶Zeta电位的影响，并解释其原因。
3. 以Zeta电位为纵坐标，pH为横坐标作图，观察pH对纳米二氧化硅溶胶Zeta电位的影响，给出纳米二氧化硅溶胶的等电点。

六、思考题

1. 胶体粒子带电的原因有哪些？
2. Zeta电位指的是什么与什么之间的电位差？
3. 电解质影响胶体粒子Zeta电位的工作原理是什么？

七、参考文献

[1] 崔正刚. 表面活性剂、胶体与界面化学基础. 北京：化学工业出版社，2013.

实验三十四　胶体粒子的稳定性

一、实验目的

1. 掌握胶体粒子稳定存在的机理。

2. 掌握影响胶体粒子稳定性的环境因素及它们的评价方法。

二、实验原理

根据胶体体系的动力学性质可知，强烈的布朗运动使得溶胶分散相质点不易沉降，而具有一定的动力稳定性。但是，分散相巨大的相界面导致其界面自由能非常高，具有强烈的聚结趋势，因而，这种体系又是热力学不稳定体系。此外，由于多种原因，胶体质点表面通常带有一定的电荷，带有相同符号电荷的质点之间由于静电斥力的存在而不易聚结，从而提高胶体的稳定性。但是，带电质点对电解质是十分敏感的，在电解质作用下胶体质点因聚结而下沉的现象称为聚沉。任何溶胶从本质上来看都是不稳定的，所谓的稳定只是暂时的，总是要发生聚沉的。例如，通过加热、辐射或加入电解质皆可导致溶胶的聚沉，其中电解质对溶胶的影响最为显著。

适量的电解质对溶胶起稳定剂作用，但是如果电解质加入的过多，尤其是含高价反离子的电解质的加入，往往会使溶胶发生聚沉。主要是因为：①电解质的浓度或价数增加都会压缩扩散层，使扩散层变薄，斥力势能降低；②加入的反离子发生特性吸附时，Stern 层内的反离子数量增加，使胶体粒子带电量降低。从电解质浓度对胶体粒子势能的影响看（图 1），当电解质的浓度或价数增加使溶胶发生聚沉时，所必须克服的势垒高度和位置皆发生变化，势垒高度随电解质浓度增大而降低。当电解质浓度加大到 c_3 以后，引力势能占绝对优势，分散相粒子一旦相碰，即可合并。使溶胶发生明显聚沉所需电解质的最小浓度，称为该电解质的聚沉值。某电解质的聚沉值越小，表明其聚沉能力越强，因此，将聚沉值的倒数定义为聚沉能力。

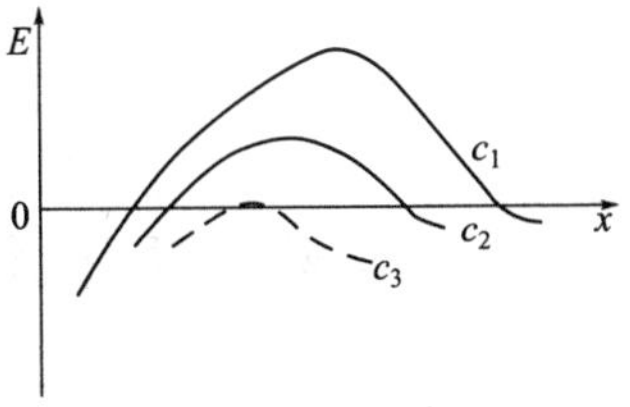

图 1　电解质浓度对胶体粒子势能的影响

影响聚沉的主要因素有反离子的价数、离子的大小及同号离子的作用等。一般来说，反离子价数越高，聚沉能力越大，聚沉值越小，聚沉值大致与反离子价数的 6 次方成反比，该规则称为 Schulze-Hardy（舒尔策-哈迪）价数规则[1,2]。

同价离子的聚沉能力也各不相同：

（1）同价正离子　正离子水化能力很强，且离子半径愈小，水化能力愈强，水化层愈厚，被吸附的能力愈小，使其进入斯特恩层的数量减少，聚沉能力减弱。

$$H^+ > Cs^+ > Rb^+ > NH_4^+ > K^+ > Na^+ > Li^+ \qquad (H^+ 例外)$$

（2）同价负离子　由于负离子水化能力很弱，所以负离子的半径愈小，吸附能力愈强，聚沉能力愈强。

$$F^- > Cl^- > Br^- > NO_3^- > I^- > SCN^- > OH^-$$

将带有相同电荷的离子按聚沉能力大小排列的顺序称为感胶离子序。

此外，向溶胶中加入少量的高分子化合物时常使溶胶的稳定性降低或破坏。好的聚沉剂应是相对分子量很大的线型聚合物，如聚丙烯酰胺及其衍生物就是一种良好的聚沉剂，其相对分子量可高达几百万。聚沉剂可以是离子型的，也可以是非离子型的。如图 2（a）所示，吸附在质点表面的高分子长链可能同时吸附在其他质点的空白表面上，从而将多个质点连在一起，变成较大的聚集体而聚沉。除高分子化合物的搭桥效应外，脱水效应和电中和效应也会导致溶胶聚沉。

然而，若在溶胶中加入较多的高分子化合物，许多个高分子化合物的一端吸附在同一个分散相粒子的表面上，如图 2（b）所示，或者是许多个高分子线团环绕在胶体粒子周围，形成水化外壳，将分散相粒子完全包围起来，对溶胶则起保护作用。

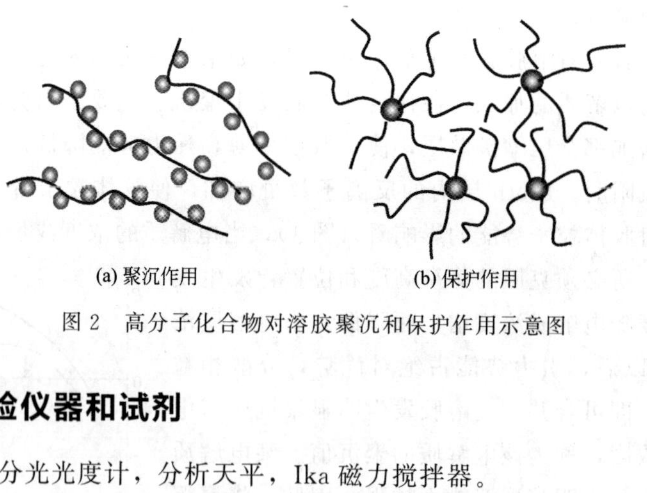

(a) 聚沉作用　　(b) 保护作用

图 2　高分子化合物对溶胶聚沉和保护作用示意图

三、实验仪器和试剂

紫外可见分光光度计，分析天平，Ika 磁力搅拌器。

容量瓶，烧杯，锥形瓶，移液管，具塞试管，比色皿等。

纳米二氧化硅溶胶（“实验三十一”所制），碘化银溶胶（“实验三十”所制），十二烷基三甲基溴化铵（DTAB），氯化铝、氯化钡、氯化钠、硫酸钠、偏磷酸钠，水解聚丙烯酰胺，二次蒸馏水（电导率 7.8×10^{-7} S · cm^{-1}，美国 Millipore Synergy UV 二次蒸馏水系统）。

四、实验步骤

1. 电解质对纳米二氧化硅溶胶稳定性的影响

（1）将实验三十一所制备的纳米二氧化硅溶胶用移液管分别取出 10mL 放到 5 个干净的锥形瓶中。

（2）以浓度为 $0.5mol \cdot L^{-1}$ 的 $AlCl_3$、$BaCl_2$、NaCl、Na_2SO_4 和 Na_2HPO_4 溶液分别滴定纳米二氧化硅溶胶，直至溶胶刚变浑浊，记下此时所需电解质的体积。

（3）根据使溶胶刚发生聚沉时所需电解质溶液的体积 V_1、电解质溶液的浓度 c 和溶胶的体积 V_2，计算出各电解质的聚沉值。

$$聚沉值=\frac{cV_1}{V_1+V_2}$$

2. 表面活性剂对纳米二氧化硅溶胶稳定性的影响

（1）将实验三十一所制备的纳米二氧化硅溶胶用移液管分别取出 5mL 放到 10 支干净的玻璃试管中。

（2）分别配制 $1\times10^{-6}mol \cdot L^{-1}$、$5\times10^{-6}mol \cdot L^{-1}$、$1\times10^{-5}mol \cdot L^{-1}$、$4\times10^{-5}mol \cdot L^{-1}$、$8\times10^{-5}mol \cdot L^{-1}$、$1\times10^{-4}mol \cdot L^{-1}$、$2\times10^{-4}mol \cdot L^{-1}$、$5\times10^{-4}mol \cdot L^{-1}$、$1\times10^{-3}mol \cdot L^{-1}$、$5\times10^{-3}mol \cdot L^{-1}$ DTAB 溶液。

（3）用移液管分别移取 5mL 上述 DTAB 溶液加入盛有 5mL 纳米二氧化硅溶胶的玻璃试管中，观察实验现象。

3. 水解聚丙烯酰胺（HPAM）对碘化银溶胶稳定性的影响

（1）取 10 支 25mL 具塞试管，分别用移液管移入 20mL AgI 溶胶。

（2）然后分别加入 0.1mL、0.2mL、0.4mL、0.8mL、1.2mL、1.5mL、2.0mL、2.5mL、3.0mL、4.0mL 浓度为 0.05%（质量分数）的水解聚丙烯酰胺溶液（分子量约 10^6），加二次蒸馏水至刻度线。

（3）将塞子塞紧后，各支试管上下倒置 10 次，充分混合，静置 1h，观察实验现象。

（4）从液面下吸取 2mL 试管内液体，用紫外分光光度计测定样品的吸光度（波长为 AgI 溶胶的特征波长，以去离子水为空白），根据吸光度的变化判断聚沉的发生与否。

五、数据记录与处理

1. 计算各种无机盐电解质对纳米二氧化硅溶胶的聚沉值，并比较它们的聚沉能力大小。

2. 记录不同浓度DTAB对纳米二氧化硅溶胶稳定性的影响规律和实验现象，并解释其中的原因。

3. 记录不同浓度水解聚丙烯酰胺对碘化银溶胶稳定性的影响规律和实验现象，并解释其中的原因。

六、思考题

1. 有一金溶胶，先加明胶溶液再加NaCl溶液，与先加NaCl溶液再加明胶溶液比较，其结果有何不同？

2. 医学上滴眼用的蛋白银就是一种银溶胶，请问该溶胶的稳定剂是什么？

3. 溶胶能够稳定存在一定时间的原因是什么？

4. 利用分光光度计测量水解聚丙烯酰胺（HPAM）对碘化银稳定性影响的基本原理是什么？

七、参考文献

[1] Tadros T F. Encyclopedia of colloid and interface science. New York：Springer，2013.
[2] 陈宗淇，王光信，徐桂英. 胶体与界面化学. 北京：高等教育出版社，2001.

实验三十五　表面活性剂蠕虫状胶束的制备

一、实验目的

1. 掌握由表面活性剂分子自组装形成蠕虫状胶束的机理。

2. 了解蠕虫状胶束水溶液的表观特征。

二、实验原理

表面活性剂是一种由亲水头基和疏水尾基构成的两亲化合物，在体系中加入少量的表面活性剂就可以极大地改变其物理化学性质。随着水溶液中表面活性剂分子浓度的增大，在范德华力作用下这些分子开始自组装，形成球形胶束、棒状胶束、囊泡、层状相、海绵相等多种有序分子聚集体。

在一定条件下，刚性的短棒状胶束（rodlike micelle）继续沿非轴向一维增长可形成长的柔性棒状或柱状胶束，即蠕虫状胶束（wormlike micelles，图 1），也称线状胶束（threadlike micelles）、巨胶束（giant micelles），其直径通常为几个纳米，持续长度（persistent length，l_p）为几十到几百纳米，轮廓长度（contour length，$\overline{L}_c$）则可以达到几个微米[1]。在有利的温度、浓度、反离子等环境中，当表面活性剂浓度达到临界交叠浓度（c^*），即稀溶液区（dilute solution）与亚浓溶液区（semi-dilute solution）的交点时，蠕虫状胶束开始相互缠绕，形成瞬时三维网络结构（transient network），从而赋予体系宏观上类似于聚合物溶液的黏弹性。但聚合物是通过单体之间较强的共价键作用（100～900kJ·mol^{-1}）紧密相连的，具有固定的分子量和分子量分布，其流变学性能通常为剪切不可逆，即在高剪切速率下其分子链被打断后，溶液黏度无法恢复；而蠕虫状胶束是通过较弱的分子间非共价键作用（<40kJ·mol^{-1}）聚集在一起的，在微观层面上它是一种动态平衡体系，一些游离的表面活性剂分子不断地参与到胶束组装中，又有一些表面活性剂分子不断地从胶束聚集体中解聚出来，聚集体的尺寸和尺寸分布随着体系的温度、浓度、组分的种类以及剪切流场等因素的变化而变化，由这种动态平衡体系赋予的黏弹性是剪切可逆的，因此，蠕虫状胶束也被称为“活聚合物”（living polymers）或“平衡聚合物”（equilibrium polymers）[1,2]。蠕虫状胶束的破裂-重构主要有两种动力学过程，即可逆的单胶束断裂［uni-micellar scission，图 2（a）］和双胶束尾端互换［bimolecular end interchange，图 2（b）］[3]。

蠕虫状胶束作为胶体与软物质的重要研究方向之一，在基础研究方面，它是一种平衡聚合物或活聚合物模型，相对于其存在的周期而言，无论是长时间内还是短时间内都具有一种不同于聚合物的静态和动态性能；在工业等实际应用方面，它可以取代聚合物作为流变学改性剂，可广泛用于个人清洁及护理、摩擦减阻、固体颗粒输运、油气田清洁压裂液等诸多领域。

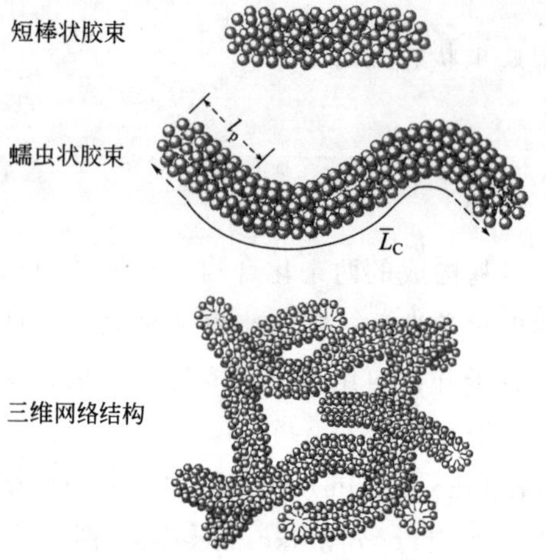

图 1　表面活性自组装形成的短棒状胶束、蠕虫状胶束和三维网络结构示意图

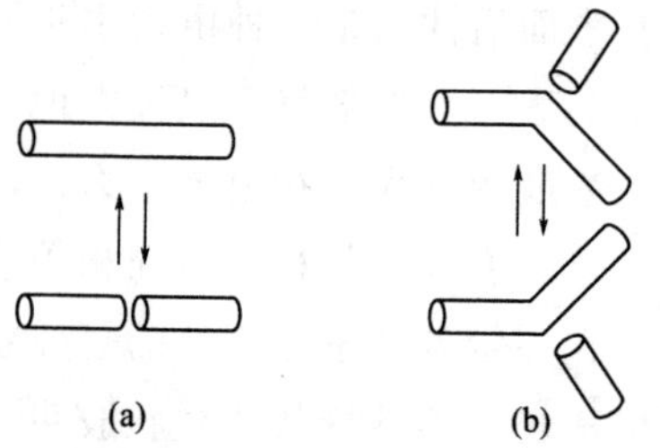

图 2　胶束解聚与重组的动力学过程

三、实验仪器和试剂

HWS12 型电热恒温水浴锅，分析天平，激光笔。

玻璃试管，容量瓶，移液管，烧杯等。

十二烷基硫酸钠（SDS），十六烷基三甲基溴化铵（CTAB），棕榈酰氨基丙基-*N*,*N*-二甲基叔胺，氯化钠，水杨酸钠，水杨酸，二次蒸馏水（电导率 $7.8\times10^{-7}\mathrm{S\cdot cm^{-1}}$，美国 Millipore Synergy UV 二次蒸馏水系统）。

四、实验步骤

1. 阴离子蠕虫状胶束体系的制备

（1）准确配制 $0.2\mathrm{mol\cdot L^{-1}}$ 的 SDS 水溶液。

（2）分别在 6 支 25mL 玻璃试管中移取 20.0mL $0.2\mathrm{mol\cdot L^{-1}}$ 的 SDS 水溶液，编号为 SDS-0、SDS-1、SDS-2、SDS-3、SDS-4、SDS-5。

（3）分别准确称量 0.05g、0.10g、0.20g、0.30g、0.40g 氯化钠固体，依次加入 1～5 号试管内。

（4）振荡混合均匀，使其充分溶解，放入 25℃恒温水浴槽内，观察试管内溶液的表观现象，尤其是流动性。

2. 阳离子蠕虫状胶束体系的制备

(1) 准确配制 0.1mol·L^{-1}的 CTAB 水溶液。

(2) 分别在 11 支 25mL 玻璃试管中移取 20.0mL 0.1mol·L^{-1}的 CTAB 水溶液，编号为 CTAB-0，……，CTAB-10。

(3) 分别准确称量 0.04g、0.08g、0.12g、0.16g、0.20g 水杨酸钠固体，依次加入 1～5 号试管内。

(4) 分别准确称量 0.04g、0.08g、0.12g、0.16g、0.20g 氯化钠固体，依次加入 6～10 号试管内。

(5) 振荡混合均匀，使其充分溶解，放入 25℃恒温水浴槽内，观察试管内溶液的表观现象，尤其是流动性。

3. 原位制备蠕虫状胶束体系

(1) 在 25mL 试管内准确称量 2mmol 棕榈酰氨基丙基-*N*,*N*-二甲基叔胺，20mL 二次蒸馏水，充分混合，编号为 c-1。

(2) 在 25mL 试管内准确称量 2mmol 水杨酸，20mL 二次蒸馏水，混合均匀，编号为 c-2。

(3) 在 25mL 试管内准确称量 2mmol 水杨酸，2mmol 棕榈酰氨基丙基-*N*,*N*-二甲基叔胺，20mL 二次蒸馏水，编号为 c-2。

(4) 将三支试管充分振荡，放入 25℃恒温水浴槽内，观察试管内溶液的表观现象，尤其是流动性。

4. 胶束溶液的 Tyndall 现象

由于表面活性剂分子自组装形成的聚集体正好处于纳米尺寸，非常适合于 Tyndall 效应的发生。因此，可以借助简单直观的 Tyndall 效应快速判断胶束溶液中聚集体尺寸的相对大小。

(1) 用激光笔用从观察者目视方向的垂直方向依次照射各支试管内的样品，观察样品中光柱的强弱。

(2) 结合观察到的表观流动性，判断不同溶液中胶束聚集体的大小。

五、数据记录与处理

1. 数据记录

室温：________；大气压：________；实验温度：________

序号	表面活性剂	浓度	添加剂	浓度	是否有黏度
1					
2					

续表

序号	表面活性剂	浓度	添加剂	浓度	是否有黏度
3					
…					

2. 对所制备的蠕虫状胶束体系进行观察，分别描述各自的实验现象。

3. 对比所制备的蠕虫状胶束体系的流动性，预判它们的黏度大小顺序。

六、思考题

1. 表面活性剂分子能够自组装形成蠕虫状胶束的动力源自哪里？

2. 由蠕虫状胶束相互缠绕形成的三维网络结构可以使水溶液的黏度急剧增大，表现出类似聚合物水溶液的黏弹性，二者有哪些不同之处？

3. 影响蠕虫状胶束形成的因素有哪些？

4. 通过观察胶束溶液的 Tyndall 效应来判断体系中聚集体的大小的依据是什么？

七、参考文献

[1] Magid L J. The surfactant-polyelectrolyte analogy. J Phys Chem B，1998，102：4064-4074.

[2] Cates M E，Candau S J. Statics and dynamics of worm-like surfactant micelles. J Phys：Condes Matter，1990，2：6869-6892.

[3] Turner M S，Cates M E. Linear viscoelasticity of living polymers：a quantitative probe of chemical relaxation times. Langmuir，1991，7：1590-1594.

实验三十六　蠕虫状胶束的流变学性能

一、实验目的

1. 掌握由表面活性剂分子自组装形成的蠕虫状胶束的基本流变特征。
2. 了解 DHR-2 型流变仪的使用。

二、实验原理

由于蠕虫状胶束溶液具有类似聚合物的黏弹性，其流变性能已然成为蠕虫状胶束体系的首要研究目标。通过对胶束溶液的稳态流变性能评价可以对其内部的胶束结构进行初步判定。在稳态流变中（图 1），低黏度的蠕虫状胶束溶液具有类似牛顿流体的行为，即黏度受剪切速率的影响不大。随着体系的黏弹性增加，在低剪切速率下仍然具有牛顿流体行为，表现出具有黏度平台，将该平台外推至零剪切速率处可以近似地得到零剪切黏度（η_0）。在高剪切速率区，在增加的应力下网络状结构被破坏，体系结构单元的排列与剪切方向一致，蠕虫状胶束得到规则的定向重排，内摩擦阻力减小，故易流动，表观黏度变小，即剪切稀释行为开始出现。

在溶液中蠕虫状胶束以一种平衡构象状态存在于网络状结构中，在动态流变中，为了使流体的结构不受到破坏，给样品施加的是小幅正弦剪切，这样在动态剪切过程中测得的应力受瞬时胶束重排或者胶束弛豫（relaxation）控制。胶束经历弛豫过程后，新的平衡重新形成。通常黏弹性的蠕虫状胶束体系处于固态物质与黏性流体两个极端之间，它不仅具有良好的增黏能力，同时具有较强的黏弹性。如图 2 所示，在低振荡剪切频率（ω）下，耗能模量（G''）＞储能模量（G'），

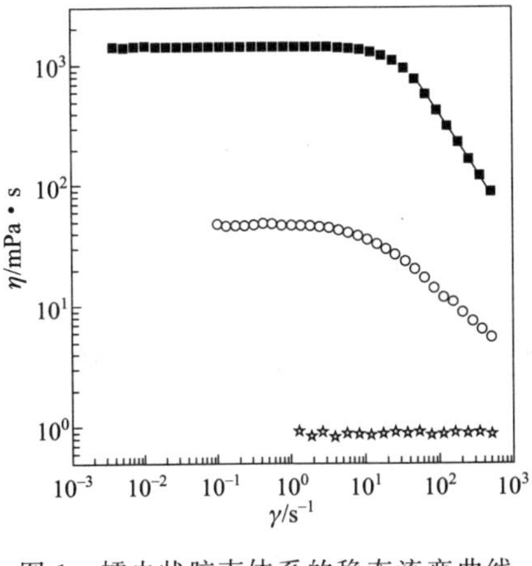

图 1　蠕虫状胶束体系的稳态流变曲线

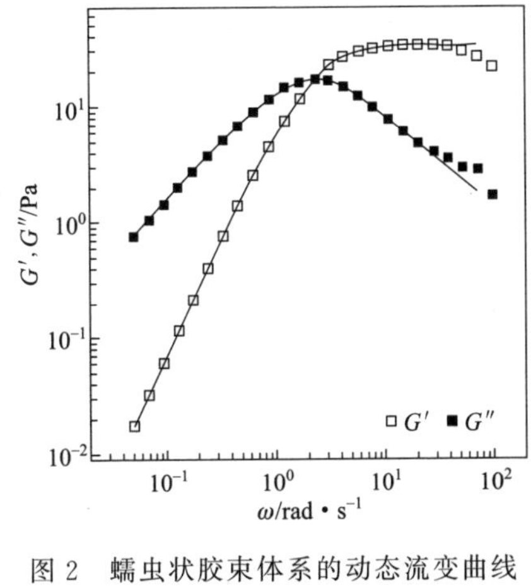

图 2　蠕虫状胶束体系的动态流变曲线

溶液表现出黏性行为；在高振荡剪切频率下，$G''<G'$，溶液表现出弹性行为。换言之，蠕虫状胶束体系是一种黏弹性流体。上述动态流变行为也常作为蠕虫状胶束存在的重要判据之一。

G'在高振荡剪切频率时近似呈一平台，此时的模量值被称为平台模量 G_0。此外，G_0 也可以通过式（1）[1,2]求得：

$$G_0=\frac{\eta_0}{\tau_R} \tag{1}$$

式中，τ_R 为弛豫时间，在数值上等于 G'-ω 曲线与G''-ω 曲线相交点对应振荡频率的倒数。

在给定温度（T）下，G_0 是一个与缠绕点密度（ν）相关的量，即

$$G_0=\nu kT \tag{2}$$

式中，k 是 Boltzmann 常数；T 是热力学温度。显然，缠绕点的密度与表面活性剂浓度相关，因此，宏观上 G_0 的大小主要由表面活性剂的浓度决定[3]。

由于蠕虫状胶束体系具有与聚合物溶液相似的黏弹性，但又具有聚合物所不具备的可逆破坏-重构特性，因此，Cates 小组[1]结合聚合物溶液的蠕动模型和蠕虫状胶束的可逆破坏-重构特性，建立了“活”聚合物模型，即爬行（reptation）模型，用来描述蠕虫状胶束体系在亚浓溶液区的黏弹性行为。在这个模型中，需要同时考虑两个时间尺度，即胶束沿着轮廓线呈曲线扩散的蠕动时间 τ_{rep} 和胶束的破坏-重构时间 τ_b。当 $\tau_b>>\tau_{rep}$时，蠕虫状胶束的应力松弛主要由蠕动过程控制，表现为聚合物行为，其弛豫时间 $\tau_b=\tau_{rep}$；当 $\tau_b<<\tau_{rep}$时，蠕虫状胶束在蠕动弛豫之前已有可逆破坏-重构发生，体系表现出具有单一弛豫时间的麦克斯韦（Maxwell）流体行为，即理想的线性流变行为。对于麦克斯韦流体，其 G''、G'、复数黏度 $|\eta^*|$ 和 τ_R 通常符合式（3）、式（4）、式（5）和式（6）。

$$G'(\omega)=\frac{\omega^2\tau^2G_0}{1+\omega^2\tau^2} \tag{3}$$

$$G''(\omega)=\frac{\omega\tau G_0}{1+\omega^2\tau^2} \tag{4}$$

$$|\eta^*|=\frac{(G'^2+G''^2)^{1/2}}{\omega}=\frac{\eta_0}{\sqrt{1+\omega^2\tau_R^2}} \tag{5}$$

$$\tau_R=(\tau_{rep}\tau_b)^{1/2} \tag{6}$$

是否符合麦克斯韦流体行为的另一种判定方法是 Cole-Cole 半圆规则，它要求 G'与G''符合：

$$G''^2+\left(G'-\frac{G_0}{2}\right)^2=\left(\frac{G_0}{2}\right)^2 \tag{7}$$

以 G'为横坐标、G''为纵坐标作图，理想的 Cole-Cole 曲线应该为图 3 所示的

半圆形。但在实际的研究过程中，很多体系在高剪切频率下的流变行为将偏离麦克斯韦模型。此时，Rouse 或者“呼吸”模式[2]成为主要的行为模式。具体表现为在高剪切频率下 G'' 脱离聚合物的蠕变模型行为，随剪切频率增加不单调下降，而是表现出上升行为。

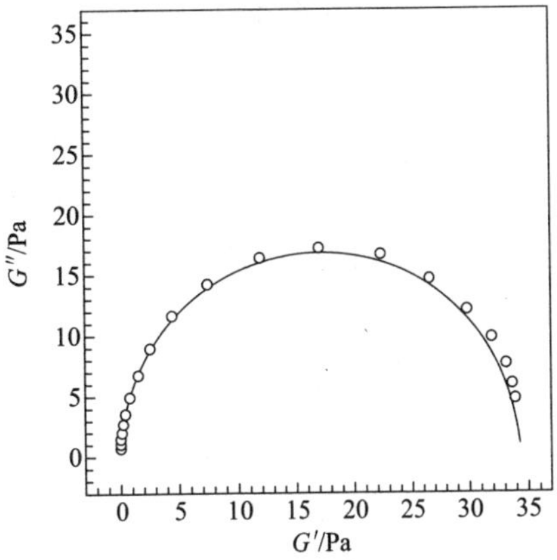

图 3 蠕虫状胶束体系的 Cole-Cole 曲线

除上述蠕虫状胶束体系的经典流变学行为外，有时也会出现一些较为特殊的流变学行为，如剪切增稠、剪切带行为、胶束支化和凝胶化现象等。

溶液体系的流变学性能通常需要借助流变仪测量。目前常用的流变仪主要分为旋转流变仪、毛细管流变仪、转矩流变仪、拉伸流变仪和界面流变仪。DHR-2 型流变仪是美国 TA 公司生产的一种旋转流变仪，采用电动机带动夹具给样品施加应力，同时用光学解码器测量产生的应变或转速，配有 Peltier 同心圆筒温控系统（图 4）和同心圆筒测量夹具（图 5）。适合于低浓度聚合物溶液、涂料、食品、乳制品、表面活性剂溶液等低黏度样品的测试。

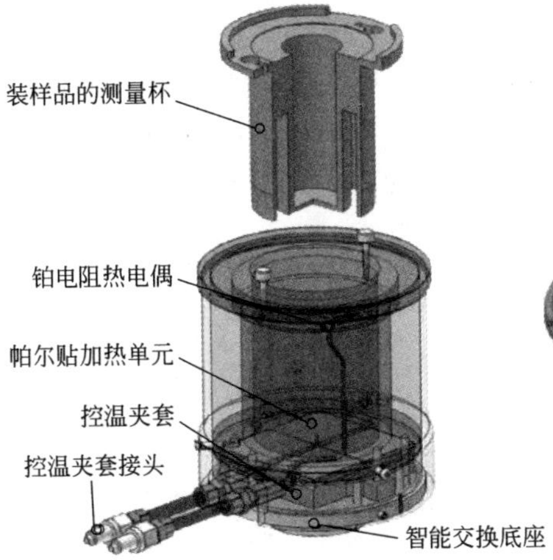

图 4 Peltier 同心圆筒温控系统结构图

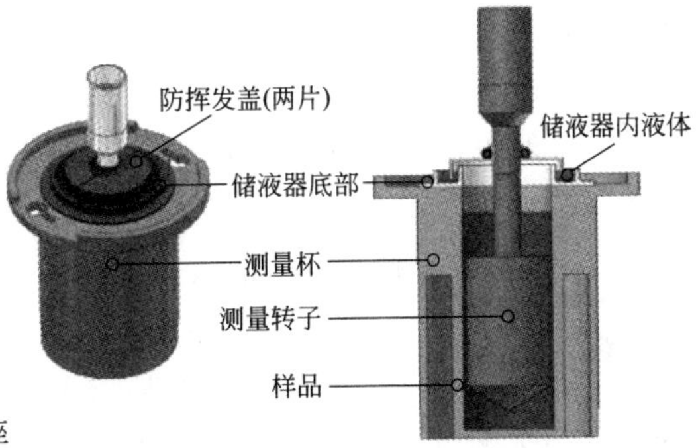

图 5 同心圆筒测量夹具结构图

三、实验仪器和试剂

DHR-2 型旋转流变仪，HWS12 型电热恒温水浴锅，分析天平。

玻璃试管，容量瓶，移液管，烧杯等。

十六烷基三甲基溴化铵（CTAB），水杨酸钠，氯化钠，二次蒸馏水（电导率

$7.8\times10^{-7}S\cdot cm^{-1}$，美国 Millipore Synergy UV 二次蒸馏水系统）。

四、实验步骤

1. 样品的准备

（1）分别准确配制 $0.1mol\cdot L^{-1}$ 的 CTAB 水溶液，$0.1mol\cdot L^{-1}$ 的水杨酸钠水溶液和 $0.1mol\cdot L^{-1}$ 的氯化钠水溶液。

（2）在玻璃试管内分别移取 10.0mL $0.1mol\cdot L^{-1}$ 的 CTAB 水溶液和 10.0mL $0.1mol\cdot L^{-1}$ 水杨酸钠水溶液，混合均匀后放入 25℃恒温水浴槽内待测。

（3）在玻璃试管内分别移取 10.0mL $0.1mol\cdot L^{-1}$ CTAB 水溶液和 10.0mL $0.1mol\cdot L^{-1}$ 氯化钠水溶液，混合均匀后放入 25℃恒温水浴槽内待测。

2. 稳态流变的测量

（1）按照 DHR-2 型流变仪的操作说明首先打开空气压缩机，待气压稳定后打开流变仪主机预热。

（2）将所用测量夹具正确安装在仪器上，等待完成连接后，按照操作说明对仪器进行夹具修正和仪器校正（注：测量夹具可根据样品的多少及表观黏度大小选择，视具体情况而定，可请教实验指导教师）。

（3）双击桌面上的“TRIOS”图标，连接相应的仪器，进入测量程序操作界面（图 6）设置参数。点击左侧窗口中的“Experiments”创建文件，进入“Sample”下拉菜单，在“Name”中输入文件保存名，在“Operator”输入操作者等信息。

（4）点击进入“Procedure”下拉菜单，依次选择“Flow”和“Ramp”测量程序，设置测量参数：温度为 25℃，“Duration”为 600s，“Mode”为 Log，“Initial shear rate”为 $0.001s^{-1}$，“Final shear rate”为 $500s^{-1}$，点击“Sampling interval”右侧的下拉菜单，选择“Number of points”，设置为 30。图 7 为一示意图。

（5）根据所选测量夹具正确装填待测样品（注：平板或锥板夹具用样量较小，同心圆筒用样量较大），将平板或锥板或转子下降到相应的测量位置。

（6）样品到达指定测量温度后继续恒温 5min，然后点击操作界面上的“Start”开始测量。

（7）样品测量完成后，升起平板或锥板或转子，清洗测量夹具。

（8）记录实验数据，依次关闭软件程序、流变仪主机、空气压缩机。

3. 动态流变的测量

（1）将所用测量夹具正确安装在仪器上，等待完成连接后，按照操作说明对仪器进行夹具修正和仪器校正（注：测量夹具可根据样品的多少及表观黏度大小选择，视具体情况而定，可请教实验指导教师）。

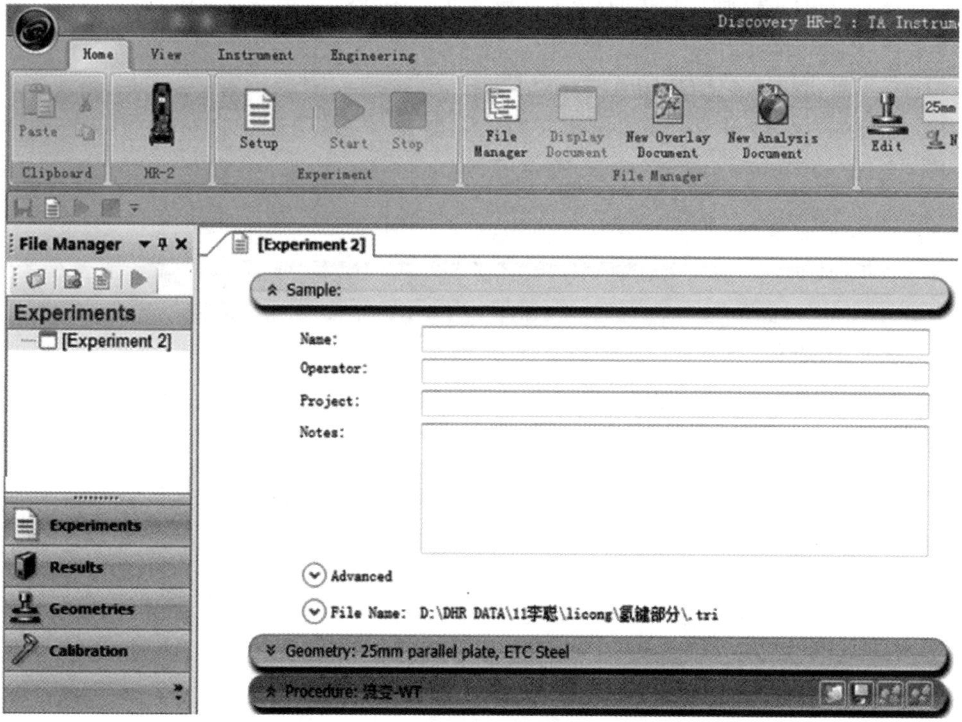

图 6　DHR-2 流变仪测量程序操作界面

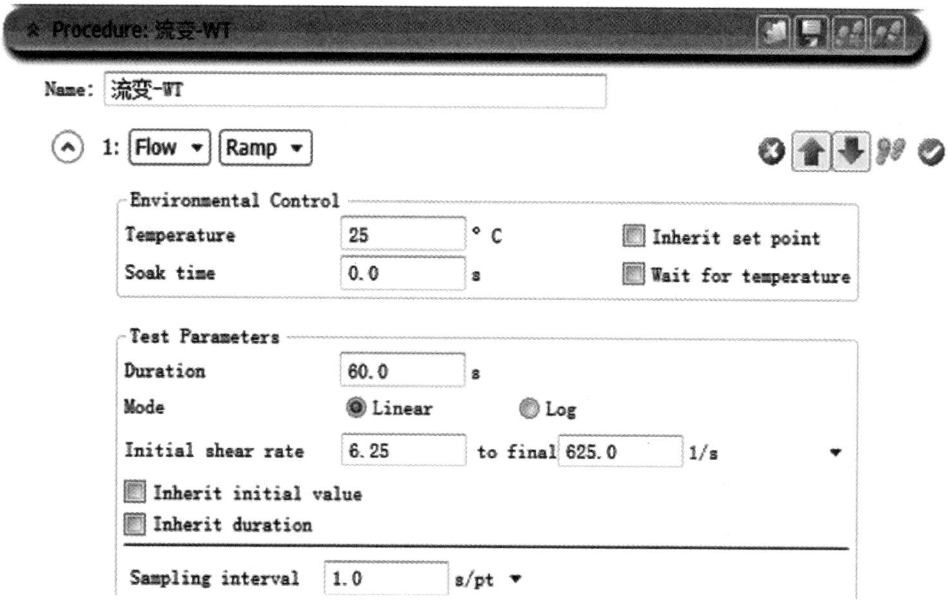

图 7　指定温度下稳态流变测量参数设置界面

（2）点击测量程序主界面左侧窗口中的“Experiments”创建文件，输入文件参数。

（3）点击进入“Procedure”下拉菜单（图 8），依次选择“Oscillation”和“Frequency”测量程序，设置测量参数：温度为 25℃，“Stress”值在相同浓度样品稳态流变中的线性黏弹区取值，“Logarithmic sweep”模式，“Angular frequency”为 0.1 ～100 rad·s^{-1}，“Points per decade”设为 5。

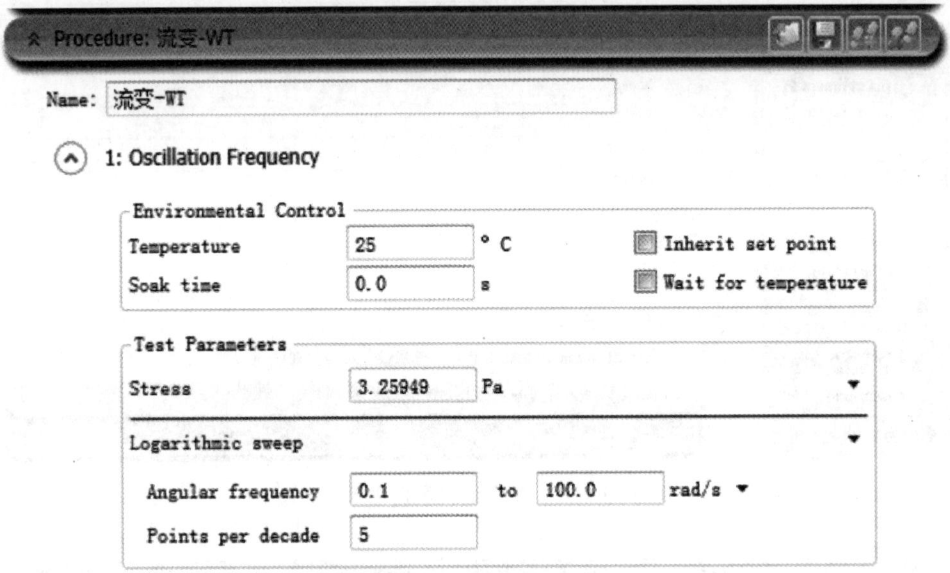

图 8　指定温度下动态流变测量参数设置界面

（4）根据所选测量夹具止确装填待测样品（注：平板或锥板夹具用样量较小，同心圆筒用样量较大），将测量夹具下降到相应的测量位置。

（5）样品到达指定测量温度后继续恒温 5min，然后点击操作界面上的“Start”开始测量。

（6）样品测量完成后，记录实验数据。

（7）升起测量夹具，清洗。依次关闭软件程序、流变仪主机、空气压缩机。

注：零剪切黏度较小（<1000 mPa·s）的样品不需要进行动态流变实验。

4. 蠕虫状胶束的剪切可逆性

（1）选定一个样品，在完成稳态流变实验后不要升起测量夹具。除了文件名外，保持所有设置参数不变。

（2）等待 3min 后，再次点击操作界面上的“Start”键，开始同一样品的第二次稳态流变测量。

（3）样品测量完成后，记录实验数据。

（4）升起测量夹具，清洗。依次关闭软件程序、流变仪主机、空气压缩机。

（5）对比两次测量所获得的稳态流变曲线。

五、数据记录与处理

1. 数据记录

室温：________；大气压：________；实验温度：________

剪切速率 /s^{-1}	黏度/mPa·s	剪切振荡频率 ω /rad·s^{-1}	储能模量 G' /Pa	耗能模量 G'' /Pa
…				

2. 根据实验数据画出黏度-剪切速率的稳态流变曲线，指出其零剪切黏度。

3. 根据实验数据画出储能模量/耗能模量-剪切振荡频率的动态流变曲线，给出所研究体系的平台模量值，储能模量与耗能模量相交的临界剪切振荡频率。

4. 根据储能模量与耗能模量做出 Cole-Cole 图，判断该体系是否符合典型的麦克斯韦流体行为。

5. 计算蠕虫状胶束体系的弛豫时间。

六、思考题

1. 在低剪切速率下，蠕虫状胶束体系的黏度几乎不随剪切速率增大而改变，表现出牛顿流体行为，为什么？在高剪切速率下，蠕虫状胶束体系的黏度随着剪切速率的增大而下降，表现出剪切变稀的流体行为，为什么？

2. 弛豫时间反应的是蠕虫状胶束的什么性质？

3. 蠕虫状胶束在高剪切力下体系的黏度将变小，当停止剪切后，体系的黏度又可快速恢复至原来的黏度，为什么？

4. 当对同一样品进行固定剪切速率下的黏度测试时，第一次测量值和第二次测量值往往不能完全重合的原因可能是什么？

七、参考文献

[1] Cates M E. Reptation of living polymers: dynamics of entangled polymers in the presence of reversible chain-scission reactions. Macromolecules, 1987, 20: 2289-2296.

[2] Granek R, Cates M E. Stress relaxation in living polymers: results from a poisson renewal model. J Chem Phys, 1992, 96: 4758-4767.

[3] Hoffmann H. Fascinating phenomena in surfactant chemistry. Adv Mater, 1994, 6: 116-129.

[4] Oda R, Panizza P, Schmutz M, et al. Direct evidence of theshear-induced structure of wormlike micelles: Gemini surfactant 12-2-12. Langmuir, 1997, 13: 6407-6412.
[5] Rehage H, Hoffmann H. Viscoelastic surfactant solutions: model systems for rheological research. Mol Phys, 1991, 74: 933-973.
[6] Porte G, Gomati R, Elhaitamy O, et al. Morphological transformations of the primary surfactant structures in brine rich mixtures of ternary-systems. J Phys Chem, 1986, 90: 5746-5751.
[7] Hoffmann H, Ebert G. Surfactants, micelles and fascinating phenomena. Angew Chem Int Edit, 1988, 27: 902-912.

实验三十七　表面活性剂浓度对蠕虫状胶束流变性能的影响

一、实验目的

1. 掌握表面活性剂浓度对蠕虫状胶束体系流变性能的影响规律及原理。
2. 了解蠕虫状胶束的流变学参数与表面活性剂浓度间的标度关系。

二、实验原理

作为一种两亲性分子，随着浓度的增大，表面活性剂可以在水溶液自组装形成各种聚集体结构。在一定的物理化学条件下，随着表面活性剂浓度逐渐增大，球形胶束开始不断增长，形成长的线状胶束。当浓度大于某一临界浓度时，这些线状胶束相互缠绕构成立体三维网络结构，从而赋予体系较高的黏弹性。这与通常的表面活性剂球形胶束溶液的流变学性质截然不同，为区别于常规表面活性剂，Hoffmann 等又常将此类表面活性剂称为黏弹性表面活性剂（viscoelastic surfactants）[1]。由此可见，表面活性剂的浓度对蠕虫状胶束体系的流变性能的影响是至关重要的。

沿着稳态流变曲线的牛顿平台反向外推至零剪切速率就可以得到体系的零剪切黏度（η_0，图 1）。将不同浓度体系的 η_0 和浓度做双对数坐标图，即可获得如图 2 所示的结果。可以清晰地看到，η_0-c 曲线被清晰地分成了几个截然不同的变化区域，第一个转折点所对应的浓度就是该体系的临界交叠浓度（critical overlapping concentration，c^*）[2]，第二个转折点的出现主要是由蠕虫状胶束的支化，或体系中胶束聚集体的相转变所导致。

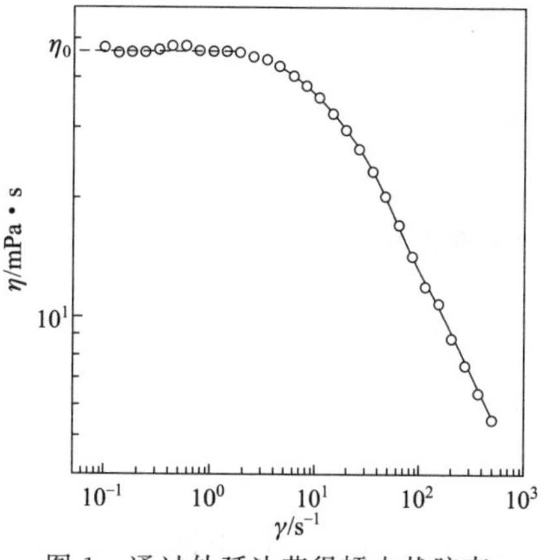

图 1　通过外延法获得蠕虫状胶束体系零剪切黏度示意图

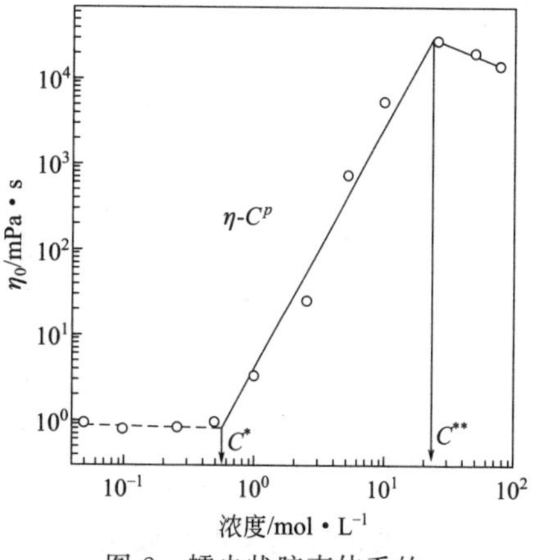

图 2　蠕虫状胶束体系的零剪切黏度与浓度关系图

当表面活性剂的 $c<c^*$ 时，表面活性剂在体系主要以球形聚集体为主，通常表现为牛顿流体行为，即体系的剪切黏度（η）不随剪切速率（$\dot{\gamma}$）或剪切应力（σ）的改变而变化。该区域称为稀溶液区，胶束的平均长度随 c 的增大按简单幂律方式增加，幂指数为 1/2，并且溶液的 η_0 与 c 呈线性关系，满足 Einstein 黏度方程：

$$\eta_0=\eta_S\times(1+Kc) \tag{1}$$

式中，η_S 为纯溶剂的黏度；c 为表面活性剂浓度；K 为常数。

当表面活性剂的 $c^{**}>c>c^*$ 时，称之为亚浓溶液区。此时溶液中形成的柔性棒状胶束已经足够长，以至于它们之间可以相互缠绕形成动态立体三维网络结构，从而赋予体系极大的黏弹性。η_0 随 c 的增大按照幂律呈指数增长，p 为幂指数。一些理论模型预测了随 c 继续增加，η_0、G_0、τ_R 与 c 的标度关系（图 3），大体可分为以下三种情况：

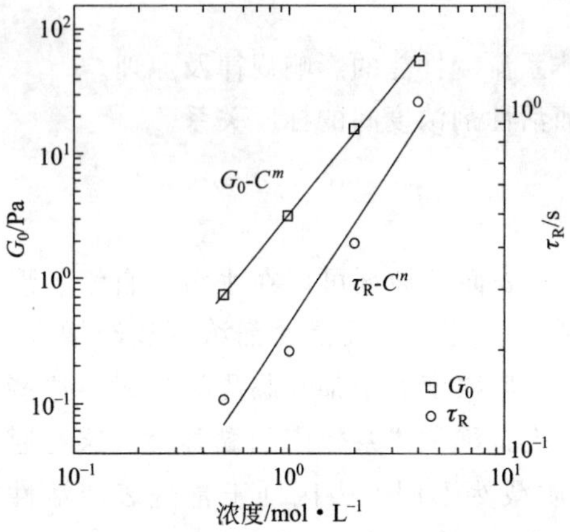

图 3　蠕虫状胶束体系的平台模量和弛豫时间与浓度关系图

（1）当 τ_b 和 τ_{rep} 满足 $\tau_b\ll\tau_{rep}$ 时，爬行理论模型预测指出，η_0、G_0、τ_R 与 c 满足如下关系：

$$\eta_0\sim c^{7/2} \tag{2}$$

$$G_0\sim c^{9/4} \tag{3}$$

$$\tau_R\sim c^{5/4} \tag{4}$$

（2）当 τ_b 和 τ_{rep} 满足 $\tau_b\gg\tau_{rep}$ 时，理论模型预测指出，η_0、G_0、τ_R 与 c 满足如下关系：

$$\eta_0\sim c^{21/4} \tag{5}$$

$$G_0\sim c^{9/4} \tag{6}$$

$$\tau_R\sim c^3 \tag{7}$$

（3）当胶束出现支化后，爬行理论模型预测指出，η_0、G_0、τ_R 与 c 满足如下关系：

$$\eta_0\sim c^{5/2} \tag{8}$$

$$G_0\sim c^{9/4} \tag{9}$$

$$\tau_R\sim c^{1/4} \tag{10}$$

上述结果是根据蠕虫状胶束网络结构状态、所满足条件的不同，通过动力学模型推导得出的。根据具体蠕虫状胶束体系的组成，溶液可满足不同的规律。偏离模型的行为主要分为两种类型，即盐效应和表面活性剂浓度效应。

当表面活性剂的 $c > c^{**}$ 时，体系的流变参数（η_0 和 τ_R）将不再继续单一的呈幂指数性地增加，而是表现出下降的趋势，即 c^{**} 时体系流变学参数表现出最大的现象[2]。目前，多数报道认为这种最大值的出现是由支化胶束的形成或胶束结构的转变引起的。需要根据具体体系具体研究。

三、实验仪器和试剂

DHR-2 型流变仪，HWS12 型电热恒温水浴锅，分析天平。

玻璃试管，容量瓶，移液管，烧杯等。

十六烷基三甲基溴化铵（CTAB），水杨酸钠，氯化钠，二次蒸馏水（电导率 $7.8\times10^{-7}\mathrm{S\cdot cm^{-1}}$，美国 Millipore Synergy UV 二次蒸馏水系统）。

四、实验步骤

1. 样品的准备

（1）准确配制 $0.05\mathrm{mol\cdot L^{-1}}$ 的水杨酸钠溶液。

（2）以 $0.05\mathrm{mol\cdot L^{-1}}$ 的水杨酸钠溶液为溶剂，分别配制 $0.001\mathrm{mol\cdot L^{-1}}$、$0.002\mathrm{mol\cdot L^{-1}}$、$0.004\mathrm{mol\cdot L^{-1}}$、$0.006\mathrm{mol\cdot L^{-1}}$、$0.008\mathrm{mol\cdot L^{-1}}$、$0.010\mathrm{mol\cdot L^{-1}}$、$0.020\mathrm{mol\cdot L^{-1}}$、$0.040\mathrm{mol\cdot L^{-1}}$、$0.060\mathrm{mol\cdot L^{-1}}$、$0.080\mathrm{mol\cdot L^{-1}}$ 和 $0.100\mathrm{mol\cdot L^{-1}}$ 的 CTAB 溶液，混合均匀后放入 25℃恒温水浴槽内待测。

2. 稳态流变的测量

（1）按照 DHR-2 型流变仪的操作说明首先打开空气压缩机，待气压稳定后打开流变仪主机预热。

（2）将所用测量夹具正确安装在仪器上，等待完成连接后，按照操作说明对仪器进行夹具修正和仪器校正。

（3）进入稳态流变测量程序，设置测量参数（参见“实验三十六”）：测量温度为 25℃；每个样品采集数据 30 个，Log 指数分布；剪切速率 $0.001\sim500\ \mathrm{s^{-1}}$（对黏度较小的溶液可将起始剪切速率适当调大），指数增加。

（4）根据所选测量夹具正确装填待测样品，将测量夹具下降到相应位置。

（5）样品到达指定测量温度后继续恒温 5min，然后点击操作界面上的“Start”开始测量。

（6）样品测量完成后，升起测量夹具，清洗。

（7）记录实验数据，依次关闭软件程序、流变仪主机、空气压缩机。

3. 动态流变的测量

（1）点击测量程序主界面左侧窗口中的“Experiments”创建文件，输入文件参数。

（2）进入动态流变测量程序，设置测量参数（参见“实验三十六”）：测量温度为25℃，“Stress”值在相同浓度样品稳态流变中的线性黏弹区取值，“Angular frequency”为$0.1\sim100\text{rad}\cdot\text{s}^{-1}$，“Points per decade”设为5，Log指数分布。

（3）根据所选测量夹具正确装填待测样品，将测量夹具下降到相应的测量位置。

（4）样品到达指定测量温度后继续恒温5min，然后点击操作界面上的“Start”开始测量。

（5）样品测量完成后，记录实验数据。

（6）升起测量夹具，清洗。依次关闭软件程序、流变仪主机、空气压缩机。

五、数据记录与处理

1. 根据实验数据画出不同浓度下CTAB-水杨酸钠体系的稳态流变曲线和动态流变曲线。

2. 计算出不同浓度下CTAB-水杨酸钠体系的零剪切黏度η_0、弛豫时间τ_R和平台模量G_0。

室温：________；大气压：________；实验温度：________

样品浓度	零剪切黏度 η_0/mPa·s	弛豫时间 τ_R/s	平台模量 G_0/Pa
…			

3. 绘制CTAB-水杨酸钠体系的η_0-c曲线，指出其临界交叠浓度c^*和亚浓溶液区η_0与c的标度关系。

4. 绘制CTAB-水杨酸钠体系的G_0-c和τ_R-c曲线，指出亚浓溶液区G_0和τ_R与c的标度关系。

六、思考题

1. 如何获得蠕虫状胶束体系的零剪切黏度η_0和平台模量G_0。

2. 在实际的研究过程中经常发现η_0和τ_R与c的标度关系会出现偏离理论模型的情况，这是什么原因引起的？G_0与c的标度关系也会有这种现象出现吗？为什么？

3. 随着表面活性剂浓度的增大，蠕虫状胶束体系的零剪切黏度η_0一定会出现最大的现象吗？最大值的出现与哪些因素有关？

七、参考文献

［1］ Hoffmann H. Viscoelastic surfactant solutions. In Structure and flow in surfactant solutions，Herb C A，Prud'homme R K，Eds. American Chemical Society：Washingdon，DC，1994.

［2］ Zana R，Kaler E W. Giant micelles：properties and applications. Boca Raton：CRC Press，2007.

［3］ Cates M E，Candau S J. Statics and dynamics of worm-like surfactant micelles. J Phys：Condes Matter，1990，2：6869-6892.

实验三十八　疏水链长对蠕虫状胶束体系流变性能的影响

一、实验目的

掌握表面活性剂分子疏水链长对蠕虫状胶束体系流变学性能影响的基本规律和机理。

二、实验原理

表面活性剂具有两个最基本的性质：①在表面或界面吸附，形成吸附膜；②在溶液体相内聚集，形成有序聚集体。它们均与水中的氢键结构重新排列相关。表面活性剂溶于水后，其疏水尾基周围也可形成整齐的“冰山”结构[1]，但这一“整齐结构”会随着疏水尾基的相互靠拢、缔合而遭到破坏。因此，表面活性剂形成聚集体的过程是由比较有序到比较无序的过程，该过程是熵增加而焓变化不大的过程，所以该过程是吉布斯自由能降低的自发过程，表面活性剂聚集体的形成过程是一种典型的自组装过程。而这种自组装的根本动力就是表面活性剂分子疏水尾链的疏水缔合作用。

作为表面活性剂聚集体的一种，蠕虫状胶束同样也是由表面活性剂分子尾基的疏水作用驱动形成的，而非化学键结合的。因此，表面活性剂尾基的结构对蠕虫状胶束的形成和体系的流变学性能有着显著的影响。通常疏水尾链越长，表面活性剂分子的疏水作用越强，临界胶束浓度越小，越有利于胶束的纵向生长，蠕虫状胶束的临界交叠浓度越小，越易形成高黏弹性的蠕虫状胶束三维网络结构。

三、实验仪器和试剂

DHR-2 型流变仪，HWS12 型电热恒温水浴锅，分析天平。

玻璃试管，容量瓶，移液管，烧杯等。

十六烷基三甲基溴化铵（CTAB），十四烷基三甲基溴化铵（TTAB），十二烷基三甲基溴化铵（DTAB），水杨酸钠，二次蒸馏水（电导率 7.8×10^{-7}S·cm^{-1}，美国 Millipore Synergy UV 二次蒸馏水系统）。

四、 实验步骤

1. 样品的准备

（1）准确配制 0.05mol·L^{-1}的水杨酸钠溶液。

（2）以 0.05mol・L^{-1} 的水杨酸钠溶液为溶剂，分别配制 0.001mol・L^{-1}、0.002mol・L^{-1}、0.004mol・L^{-1}、0.006mol・L^{-1}、0.008mol・L^{-1}、0.010mol・L^{-1}、0.020mol・L^{-1}、0.040mol・L^{-1}、0.060mol・L^{-1}、0.080mol・L^{-1} 和 0.100mol・L^{-1} 的 CTAB、TTAB 和 DTAB 溶液，混合均匀后放入 25℃恒温水浴槽内待测。

2. 稳态流变

（1）按照 DHR-2 型流变仪的操作说明开机、预热。

（2）将所用测量夹具正确安装在仪器上，等待完成连接后，按照操作说明对仪器进行夹具修正和仪器校正。

（3）进入稳态流变测量程序，设置测量参数（参见"实验三十六"）：测量温度为 25℃；每个样品采集数据 30 个，Log 指数分布；剪切速率 0.001～500 s^{-1}（对黏度较小的溶液可将起始剪切速率适当调大），指数增加。

（4）根据所选测量夹具正确装填待测样品，将测量夹具下降到相应位置。

（5）样品到达指定测量温度后继续恒温 5min，然后点击操作界面上的"Start"开始测量。

（6）样品测量完成后，记录实验数据。

（7）升起测量夹具，清洗。依次关闭软件程序、流变仪主机、空气压缩机。

3. 动态流变

（1）点击测量程序主界面左侧窗口中的"Experiments"创建文件，输入文件参数。

（2）进入动态流变测量程序，设置测量参数（参见"实验三十六"）：测量温度为 25℃，"Stress"值在相同浓度样品稳态流变中的线性黏弹区取值，"Angular frequency"为 0.1～100 rad・s^{-1}，"Points per decade"设为 5，Log 指数分布。

（3）根据所选测量夹具正确装填待测样品，将测量夹具下降到相应的测量位置。

（4）样品到达指定测量温度后继续恒温 5min，然后点击操作界面上的"Start"开始测量。

（5）样品测量完成后，记录实验数据。

（6）升起测量夹具，清洗。依次关闭软件程序、流变仪主机、空气压缩机。

五、数据记录与处理

1. 根据实验数据画出不同浓度下 DTAB-水杨酸钠、TTAB-水杨酸钠和 CTAB-水杨酸钠体系的稳态流变曲线。

2. 计算出不同浓度下 DTAB-水杨酸钠、TTAB-水杨酸钠和 CTAB-水杨酸钠体系的零剪切黏度 η_0，记录数据。

室温：________；大气压：________；实验温度：________

样品浓度	零剪切黏度 η_0/mPa·s		
	DTAB-水杨酸钠	TTAB-水杨酸钠	CTAB-水杨酸钠
…			

3. 分别绘制 DTAB-水杨酸钠、TTAB-水杨酸钠和 CTAB-水杨酸钠体系的 η_0-c 曲线，指出各自的临界交叠浓度和亚浓溶液区 η_0 与 c 的标度关系。

4. 验证蠕虫状胶束体系的临界交叠浓度 c^* 与表面活性剂分子疏水链长间是否存在线性关联。

5. 在表面活性剂浓度相同的条件下，比较 DTAB-水杨酸钠、TTAB-水杨酸钠和 CTAB-水杨酸钠体系的弛豫时间 τ_R 和平台模量 G_0 的大小。

六、思考题

1. 如果表面活性分子的疏水链结构中含有支链，是否有利于蠕虫状胶束的形成？

2. 短碳链表面活性剂分子形成的蠕虫状胶束体系，其稳态流变曲线上的牛顿平台区往往较宽，甚至在整个测量区间均表现出牛顿流体行为，但黏度又较纯溶剂的黏度高许多，为什么？

七、参考文献

[1] Israelachvili J N，Mitchell D J，Ninham B W. Theory of self-assembly of hydrocarbon amphiphiles into micelles and bilayers. J Chem Soc Faraday Trans，1976，72：1525-1568.

实验三十九　温度对蠕虫状胶束体系流变性能的影响

一、实验目的

1. 掌握温度对蠕虫状胶束体系流变学性能的影响规律和机理。
2. 了解蠕虫状胶束体系流体活化能的计算。

二、实验原理

通常，当加热表面活性剂蠕虫状胶束溶液时，蠕虫状链的轮廓长度（$\bar{L}$）会随温度的升高呈指数规律下降，二者满足如下关系：

$$\bar{L} = c^{1/2}\exp[Ec/2kT] \tag{1}$$

式中，E_c为胶束末端能（end cap energy）；k为玻尔兹曼（Boltzman）常数。胶束长度的这种变化会影响溶液的流变学特性，导致溶液的零剪切黏度η_0和弛豫时间τ_R随温度升高也呈指数规律衰减（图1），满足下式[1]：

$$\eta_0 = G_0 A e^{\frac{E_a}{RT}} \tag{2}$$

$$\tau_R = A e^{\frac{E_a}{RT}} \tag{3}$$

式中，E_a为胶束的活化能；R为普适气体常量。

因此，对蠕虫状胶束溶液体系来说，随温度升高而产生的黏度弛豫时间的降低现象是一种比较常见的现象。从公式（2）和式（3）可知，蠕虫状胶束体系的活化能可以通过η_0与温度的函数曲线的斜率值而得到。

但是，在给定温度（T）下，平台模量G_0是一个与缠绕点密度（ν）相关的量，而缠绕点的密度与表面活性剂浓度相关，因此，宏观上G_0的大小主要由表面活性剂的浓度决定[2]。换言之，对于一个指定的蠕虫状胶束体系，其在不同温度下的平台模量G_0是基本保持不变的（图2），除非蠕虫状胶束变短至无法缠绕。事实上许多报道也证实了这一点。

除此之外，升高温度也可能导致某些蠕虫状胶束体系的表观黏度增大而非降低，表现出最大的现象。这种热刺激增黏体系被称为温度响应体系或热响应体系[3]。通常，构成蠕虫状胶束体系的表面活性剂分子结构中含有乙氧基（EO）等温敏基团，或反离子为羟基萘羧酸、水杨酸等溶解性易受温度影响的组分，通过改变温度引起某一组分的水溶性的改变，使胶束结构发生转变，导致聚集体堆积参数发生变化，从而实现体系宏观黏弹性的可控。不同类型的表面活性剂均可以形成温度响应型蠕虫状胶束。

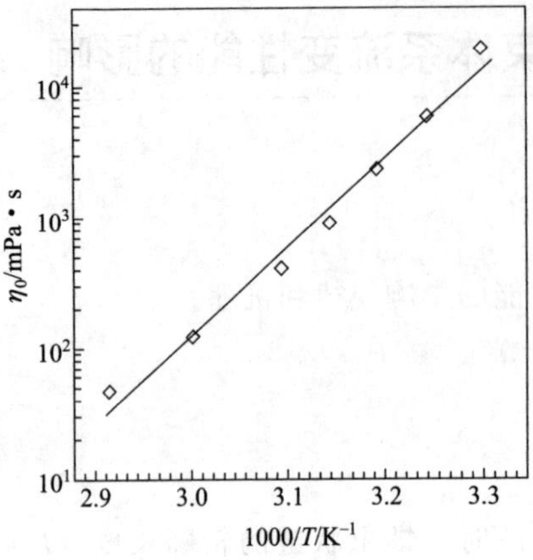

图 1 蠕虫状胶束体系的零剪切黏度 η_0 与 1000/T 的关系

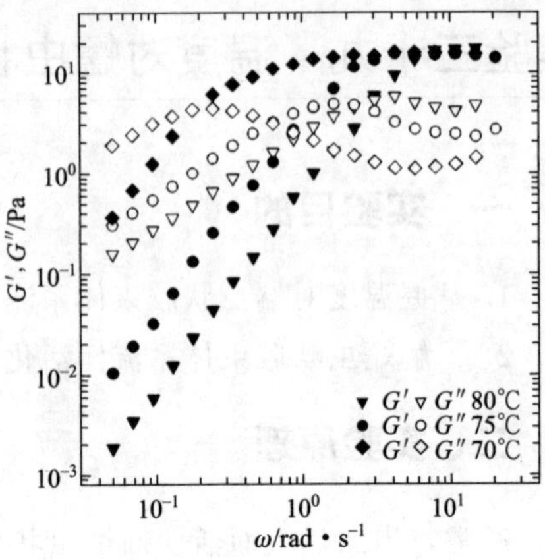

图 2 蠕虫状胶束体系在不同温度下的动态流变曲线

三、实验仪器和试剂

DHR-2 型流变仪，HWS12 型电热恒温水浴锅，分析天平。

玻璃试管，容量瓶，移液管，烧杯等。

十六烷基三甲基溴化铵（CTAB），水杨酸钠，二次蒸馏水（电导率 7.8×10^{-7} S·cm^{-1}，美国 Millipore Synergy UV 二次蒸馏水系统）。

四、实验步骤

1. 样品的准备

准确配制 CTAB 与水杨酸钠的二元混合样品，其中 CTAB 和水杨酸钠的浓度为 0.1mol·L^{-1}，混合均匀后将其平均分成 5 份，每份 20mL，分别放入 25℃、30℃、35℃、40℃、45℃恒温水浴槽内恒温待测。

2. 稳态流变

（1）按照 DHR-2 型流变仪的操作说明首先打开空气压缩机，待气压稳定后打开流变仪主机预热。

（2）将所用测量夹具正确安装在仪器上，等待完成连接后，按照操作说明对仪器进行夹具修正和仪器校正。

（3）进入稳态流变测量程序，设置测量参数（参见“实验三十六”）：测量温度依次设置为 25℃、30℃、35℃、40℃和 45℃；每个样品采集数据 30 个，Log 指数分布；剪切速率 0.001～500s^{-1}（对黏度较小的溶液可将起始剪切速率适当调大），指数增加。

（4）根据所选测量夹具正确装填待测样品，将测量夹具下降到相应位置。

(5) 样品到达指定测量温度后继续恒温 5min，然后点击操作界面上的“Start”开始测量。

(6) 样品测量完成后，升起测量夹具，清洗。

(7) 记录实验数据，依次关闭软件程序、流变仪主机、空气压缩机。

3. 动态流变

(1) 点击测量程序主界面左侧窗口中的“Experiments”创建文件，输入文件参数。

(2) 进入动态流变测量程序，设置测量参数（参见“实验三十六”）：测量温度依次设置为 25℃、30℃、35℃、40℃和 45℃；“Stress”值在相同浓度样品稳态流变中的线性黏弹区取值，“Angular frequency”为 0.1～100rad·s^{-1}，“Points per decade”设为 5，Log 指数分布。

(3) 根据所选测量夹具正确装填待测样品，将测量夹具下降到相应的测量位置。

(4) 样品到达指定测量温度后继续恒温 5min，然后点击操作界面上的“Start”开始测量。

(5) 样品测量完成后，记录实验数据。

(6) 升起测量夹具，清洗。依次关闭软件程序、流变仪主机、空气压缩机。

五、数据记录与处理

1. 根据实验数据画出 0.1mol·L^{-1} CTAB-水杨酸钠体系在不同温度下的稳态流变曲线。

2. 根据稳态流变曲线计算出 0.1mol·L^{-1} CTAB-水杨酸钠体系在不同温度下的零剪切黏度 η_0，记录表中。

3. 根据动态流变曲线计算出 0.1mol·L^{-1} CTAB-水杨酸钠体系在不同温度下的弛豫时间 τ_R 和平台模量 G_0，记录表中。

室温：________；大气压：________；实验温度：________

温度 T/K	1000/T	零剪切黏度 η_0/mPa·s	平台模量 G_0 /Pa	弛豫时间 τ_R/s
…				

4. 绘制 0.1mol·L^{-1} CTAB-水杨酸钠体系的零剪切黏度 η_0-1000/T 曲线和弛豫时间 τ_R-1000/T 曲线，计算该体系的流体活化能。

六、思考题

1. 温度升高为什么会导致蠕虫状胶束体系的零剪切黏度 η_0 和弛豫时间 τ_R 下降？为什么平台模量 G_0 却可以保持不变？

2. 试推测一下，升高温度将会如何改变蠕虫状胶束体系的临界交叠浓度？

3. 蠕虫状胶束的流体活化能是一个什么物理量？与物理化学中所讲的反应活化能一样吗？

七、参考文献

[1] Cates M E，Candau S J. Statics and dynamics of worm-like surfactant micelles. J Phys：Condes Matter，1990，2：6869-6892.

[2] Hoffmann H. Fascinating phenomena in surfactant chemistry. Adv Mater，1994，6：116-129.

[3] Greenhillhooper M J，Osullivan T P，Wheeler P A. The aggregation behavior of octadecylphenylalkoxysulfonates. J Colloid Interface Sci，1988，124：77-87.

实验四十　反离子对蠕虫状胶束体系流变性能的影响

一、实验目的

1. 掌握反离子对蠕虫状胶束体系流变学性能的影响规律及机理。
2. 了解酯化胶束的概念。

二、实验原理

由于离子表面活性剂头基的静电排斥作用，所以单独的离子表面活性剂分子较难形成长的蠕虫状胶束。只有通过加入带相反电荷的其他组分，比如各种盐、助水溶物，或者相反电荷的表面活性剂，来屏蔽离子头基的静电排斥作用，从而诱使胶束增长。因此，这些带相反电荷的添加剂的结构和性质对胶束增长和溶液的流变性质起重要作用。

无机盐中的反离子通过静电作用吸附在离子表面活性剂头基的周围，诱使胶束发生球-棒形态转化。对于这种反离子来说，对胶束的诱导能力主要取决于它们极化能力的大小，即它们与头基的结合效率或吸附能力。反离子与头基的结合能力越强，诱使胶束发生球棒状转换所需要的反离子浓度越低。同时，在相同的反离子浓度下，在结合能力强的反离子存在下，胶束增长的越长，形成的胶束越具有柔性。这种结合效率遵循 Hofmeister 顺序规则[1]，即 $F^- < Cl^- < Br^- < NO_3^- < ClO_3^-$。对阴离子表面活性剂体系来说，由于其反离子为金属阳离子，其离子半径较小，往往需要超过表面活性剂浓度很多倍的量才能使胶束发生球棒状转化。

含疏水基团的有机反离子比无机反离子具有更强的诱导能力，主要表现为在更低的浓度下便能诱导表面活性剂形成蠕虫状胶束。有机反离子的疏水性和几何结构是决定其诱导能力的最主要的两个因素。疏水链具有超过三个以上的 $—CH_2$，反离子就能通过疏水作用促进胶束增长。根据 Hassan 等的报道[2]，随着反离子疏水性的增加，胶束表面电荷密度降低，表面活性剂头基截面积 a 能被有效地降低，更重要的一点是，这些疏水性反离子还能增加疏水部分的体积，从而双重地增加堆积参数，进而诱使胶束的球-棒状形态转化。如图 1 所示，简单的反离子仅仅能通过吸附在胶束界面上降低界面的横截面积 a，但是它们由于较小的体积不能有效增加表面活性剂的疏水体积 V。

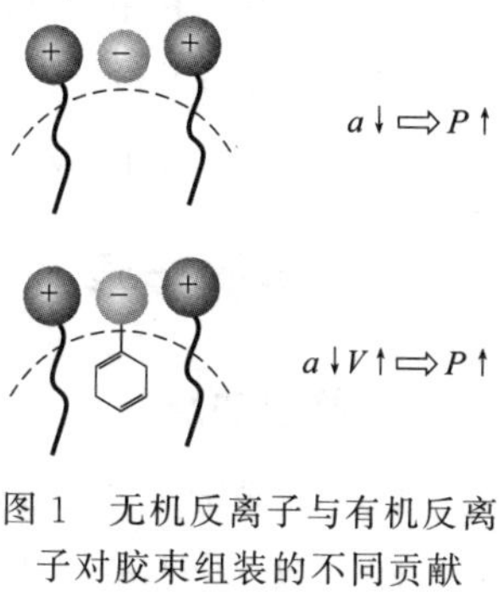

图 1　无机反离子与有机反离子对胶束组装的不同贡献

理论认为表面活性剂浓度是决定溶液性质的唯一物理量，但是在固定表面活性剂浓度而改变电解质的浓度时，零剪切黏度 η_0 会出现一个最大值（图 2），可见电解质的浓度也会对溶液的性质有所影响。这主要是因为随着盐浓度的增加，离子头基的电荷逐渐被屏蔽，表面活性剂头基截面积 a 逐渐减少，从而导致胶束界面的自发曲率逐渐降低，从能量角度考虑，胶束端盖的形成会受到抑制[4]。此时除了可以通过促使胶束无限增长来实现外，另外一种抑制形成端盖的方法是把圆柱形胶束通过支点连接起来，形成比圆柱形的自发曲率还要低的支化胶束。支化胶束形成的网络上的连接点可以沿着胶束滑移而消除外加的应力，因此这种支化胶束的黏度和弛豫时间都降低。

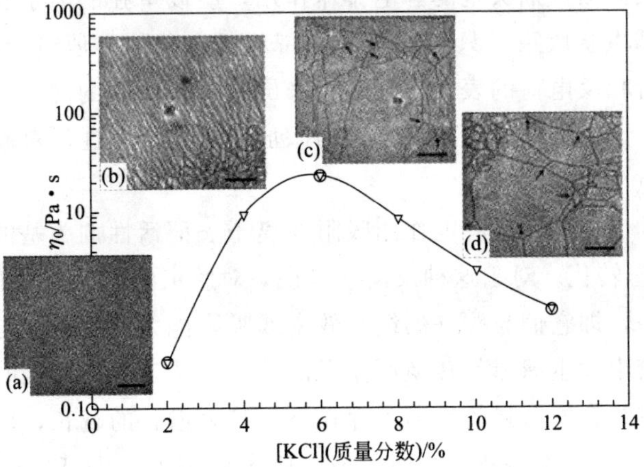

图 2　蠕虫状胶束体系的零剪切黏度 η_0 随 KCl 浓度增大的变化曲线及相应的胶束结构电镜照片[3]

三、实验仪器和试剂

DHR-2 型流变仪，HWS12 型电热恒温水浴锅，分析天平。

玻璃试管，容量瓶，移液管，烧杯等。

十二烷基硫酸钠（SDS），N^1,N^2-二乙基-N^1,N^1,N^2,N^2-四甲基-1,2-二溴化乙二铵（Bola2et），氯化钠，苄基三甲基溴化铵，二次蒸馏水（电导率 7.8×10^{-7}S·cm^{-1}，美国 Millipore Synergy UV 二次蒸馏水系统）。

四、实验步骤

1. 样品的准备

（1）准确配制 0.2mol·L^{-1}的 SDS 溶液。

（2）以 0.2mol·L^{-1} 的 SDS 溶液为溶剂，分别配制 0.01mol·L^{-1}、

0.025mol·L^{-1}、0.075mol·L^{-1}、0.10mol·L^{-1}、0.15mol·L^{-1}、0.20mol·L^{-1}、0.25mol·L^{-1}、0.30mol·L^{-1}、0.40mol·L^{-1}、0.60mol·L^{-1}的氯化钠溶液，混合均匀后放入25℃恒温水浴锅内待测。

（3）分别准确移取20mL 0.2mol·L^{-1}的SDS溶液到1～3号三支试管内，然后分别向三支试管内添加等物质的量的氯化钠和苄基三甲基溴化铵，0.5摩尔倍量的Bola2et，混合均匀后放入25℃恒温水浴槽内待测。

2. 稳态流变

（1）按照DHR-2型流变仪的操作说明首先打开空气压缩机，待气压稳定后打开流变仪主机预热。

（2）将所用测量夹具正确安装在仪器上，等待完成连接后，按照操作说明对仪器进行夹具修正和仪器校正。

（3）进入稳态流变测量程序，设置测量参数（参见“实验三十六”）：测量温度为25℃；每个样品采集数据30个，Log指数分布；剪切速率0.001～500s^{-1}（对黏度较小的溶液可将起始剪切速率适当调大），指数增加。

（4）根据所选测量夹具正确装填待测样品，将测量夹具下降到相应位置。

（5）样品到达指定测量温度后继续恒温5min，然后点击操作界面上的“Start”开始测量。

（6）样品测量完成后，升起测量夹具，清洗。

（7）记录实验数据，依次关闭软件程序、流变仪主机、空气压缩机。

五、数据记录与处理

1. 根据实验数据画出SDS-盐二元体系的稳态流变曲线。

2. 计算出不同SDS-盐二元体系的零剪切黏度η_0。

3. 以SDS-盐二元体系的零剪切黏度η_0为纵坐标，以氯化钠浓度为横坐标，绘制蠕虫状胶束体系流变性能的盐度扫描图，观察是否有最大值出现。

4. 比较不同结构反离子诱导SDS表面活性剂自组装形成黏弹性蠕虫状胶束的能力，解释其中的原因。

六、思考题

1. 如果蠕虫状胶束体系的零剪切黏度η_0随反离子浓度的变化曲线上出现了最大值，是否就意味着蠕虫状胶束在最大值之后发生了支化？

2. 支化胶束的形成为什么可以导致蠕虫状胶束体系表观黏度的下降？

3. 为什么有机反离子比无机反离子可以更加有效地诱导胶束的增长？该规律是用于所有有机反离子吗？

七、参考文献

[1] Oelschlaeger C, Suwita P, Willenbacher N. Effect of counterion binding efficiency on structure and dynamics of wormlike micelles. Langmuir, 2010, 26: 7045-7053.

[2] Croce V, Cosgrove T, Maitland G, et al. Rheology, cryogenic transmission electron spectroscopy, and small-angle neutron scattering of highly viscoelastic wormlike micellar solutions. Langmuir, 2003, 19: 8536-8541.

[3] Zhang Y, Kong W, An P, et al. CO_2/pH-controllable viscoelastic nanostructured fluid based on stearic acid soap and bola-type quaternary ammonium salt. Langmuir, 2016, 32: 2311-2320.

[4] Zana R, Kaler E W. Giant micelles: properties and applications. Boca Raton: CRC Press: 2007.

Ⅵ

具有刺激响应的新型表面活性剂（或颗粒）

表面活性剂分子具有独特的亲水-亲油结构，能够在溶液表面吸附，从而有效地降低水溶液的表面张力，在气流或搅拌作用下可以形成泡沫；表面活性剂浓度达到其 *cmc* 以上时，能够在溶液体相自组装，形成胶束等表面活性剂有序分子聚集体，从而具有增溶功能；能够在油-水界面发生吸附，降低油-水界面张力，从而具有乳化功能，使油、水两个不能够互相溶解的液相体系形成乳状液；在脂肪醇等极性有机物的协助下，能够形成更加稳定、外观近乎透明的微乳状液。因此，表面活性剂在工农业生产和个人家居洗涤等领域具有广泛的应用，素有工业味精之美誉。

在表面活性剂的长期应用实践过程中，愈来愈多的证据表明，当表面活性剂在应用过程中的某个环节结束之后，体系中残留的表面活性剂往往对后续过程产生某些不利干扰。比如，家用洗涤剂使用结束后，洗涤废水含有表面活性剂，排放至城市生活污水系统，在污水净化过程中会产生明显的泡沫，干扰污水的处置过程。因此，在表面活性剂使用结束后，人们希望可以能动地关闭表面活性剂的功能；在需要表面活性剂的时候，又能够自主地打开表面活性剂的功能。表面活性剂功能的可逆开关往往通过环境因素的刺激而实现，因此，对环境因素刺激具有可逆自发响应功能的新型表面活性剂应运而生。英国 Bristol 大学 J. Eastoe 教授称这类新型表面活性剂为刺激响应型表面活性剂（stimuli-responsive surfactants）[1]，加拿大皇后大学 P. G. Jessop 教授称这类表面活性剂为开关表面活性剂（switchable surfactants）[2]。

开关表面活性剂问世后，引起了广泛的关注，属于表面活性剂科学研究领域中比较前沿的研究热点之一。截至当前，已经报道的开关刺激因素包括：pH[3]、光[4]、氧化-还原[5]、温度[6]、磁[7]、CO_2/N_2[2] 和主-客体相互作用[8] 等。其中，pH 开关最为常见，实现开关作用所采用的措施也最为简单，只要交替加入酸或碱，调节溶液的 pH 即可实现表面活性剂的开和关，但是，交替加入酸碱必然会导致体系中有副产物无机盐的产生和累积；光开关不会加入任何化学物质，但是，此类表面活性剂必须具有光响应基团，实现此开关过程必须有合适的光源；氧化还原开关又分两类，其一为电氧化还原，在合适的电化学装置和电位下可实现分子结构中含有二茂铁基团表面活性剂的开关；其二为化学氧化还原，此类表面活性剂必须具有氧化还原响应的官能团，比较常见的此类官能团有二硫醚和硒醚，显然，这类表面活性剂的开和关必须有氧化剂和还原剂的参与；温度开关主要是利用表面活性剂分子结构中的聚醚基团与水分子之间的分子间氢键在高温下瓦解而在低温下稳定的原理；磁开关不多见，此类表面活性剂分子结构中必须具有磁响应的基团，合成步骤相对复杂；主客体相互作用实现表面活性剂的开和关，主要是利用表面活性剂与环糊精等有机物形成超分子化合物从而失去表面活性，在竞争性物质存在时，表面活性剂从超分子化合物中替换并释放，从而实现表面活性的开和关；而 CO_2/N_2 开关，主要是利用长链有机叔胺、胍和脒等碱性有机物，在水溶液中可以与碳酸形成相应的碳酸氢盐，从而表现出阳离子表面活性剂的特性，而在 N_2 流和加热作用下，上述碳酸氢盐分解从而恢复到没有明显表面活性的长链有机叔胺、胍和脒，实现表面活性剂的暂时性可逆形成和瓦解。在这个过程中，除了辅助加热之外，不会用到和产生对环境有负担的化学物质，因而，CO_2/N_2 开关表面活性剂被认为属于比较绿色的开关表面活性剂品种，在工农业生产中具有重要的应用前景。

除微乳液之外，由表面活性剂乳化而得的乳状液通常不够稳定；而由固体颗粒乳化而得的乳状液却十分稳定，此类乳状液通常称作 Pickering 乳液[9]。然而，Pickering 乳液出色的稳定性也是其缺点，比如，使用过程中需要将 Pickering 乳液破乳时，将会比较困难。将 Pickering 乳液中具有乳化作用的颗粒赋予前述开关表面活性剂的开关功能，则在环境因素的作用下，可以将 Pickering 乳液进行破乳和再次乳化，此所谓响应 Pickering 乳液[10]。除了上述乳液、微乳和 Pickering 乳液之外，基于开关表面活性剂的泡沫[11]、蠕虫状胶束[12]、囊泡[13]等表面活性剂聚集体也具有良好的开关效应。

可见，响应表面活性剂（或颗粒）及其聚集体不仅极大地拓展了表面活性剂科学的研究对象和范围，使人们有机会进一步系统而彻底地研究该类表面活性物质的性质和功能，从而赋予古老而年轻的表面活性剂更多和更加新颖的应用；而且也可为人们探索生命体系的起源奥秘提供新的研究视角，从而更好地维护生命健康。

这里，针对 pH、CO_2 和氧化还原三种开关，选编对上述三种开关具有响应的表面活性剂的制备，并开展性质探索的综合型实验案例；合成对上述三种开关中的两种开关同时具有响应作用的表面活性剂；制备对 CO_2 具有开关响应的 Pickering 乳液，共计 7 个项目以供读者参考使用。

建议读者进一步阅读下列文献，以期拓展。

[1] Brown P，Butts C P，Eastoe J. Stimuli-responsive surfactants. Soft Matter，2013，9：2365-2374.

[2] Liu Y，Jessop P G，Cunningham M，et al. Switchable surfactants. Science，2006，313：958-960.

[3] Wang W，Lu W S，Jiang L. Influence of pH on the aggregation morphology of a novel surfactant with single hydrocarbon chain and multi-amine headgroups. J Phys Chem B，2008，112：1409-1413.

[4] Chevallier E，Monteux C，Lequeux F，et al. Photofoams：remote control of foam destabilization by exposure to light using an azobenzene surfactant. Langmuir，2012，28：2308-2312.

[5] Tsuchiya K，Orihara Y，Kondo Y，et al. Control of viscoelasticity using redox reaction. J Am Chem Soc，2004，126：12282-12283.

[6] Feng H，Verstappen N A L，Kuehne A J C，et al. Well-defined temperature-sensitive surfactants for controlled emulsion coalescence. Polym Chem，2013，4：1842-1847.

[7] Brown P，Butts C P，Cheng J，et al. Magnetic emulsions with responsive surfactants. Soft Matter，2012，8：7545-7546.

[8] Wang G，Kang Y，Tang B，et al. Tuning the surface activity of Gemini amphiphile by the host-guest interaction of cucurbit [7] uril. Langmuir，2015，31：120-124.

[9] Pickering S U. Emulsions. J Am Chem Soc，1907，91：2001-2021

[10] Jiang J，Zhu Y，Cui Z，et al. Switchable Pickering emulsions stabilized by silica nanoparticles hydrophobized in situ with a switchable surfactant. Angew Chem Int Ed，2013，125：12599-12602

[11] Zhu Y，Jiang J，Cui Z，et al. Responsive aqueous foams stabilized by silica nanoparticles hydrophobised in situ with a switchable surfactant. Soft Matter，2014，10：9739-9745.

[12] Zhang Y，Yang C，Guo S，et al. Tandem triggering of wormlike micelles using CO_2 and Redox. Chem Commun，2016，52：12717-12720.

[13] Ikari K，Sakuma Y，Jimbo T，et al. Dynamics of fatty acid vesicles in response to pH stimuli. Soft Matter，2015，11：6327-6334.

实验四十一　pH 响应表面活性剂 1

一、实验目的

1. 了解 pH 响应表面活性剂的分子结构特点。
2. 学习常见 pH 响应表面活性剂的合成方法。
3. 学习 pH 响应表面活性剂的性质研究方法。

二、实验原理

pH 响应表面活性剂通常含有酸性（如羧酸）或者碱性（胺或氨）基团，该类型表面活性剂可以随着 pH 的改变接受或失去质子，导致表面活性剂的亲水-疏水性质发生可逆的变化。

2008 年，江龙院士课题组[1]报道了分子结构如图 1 所示的、具有 pH 开关响应性质的表面活性剂（$C_{18}N_3$），该表面活性剂可以通过改变体系的 pH 值实现其表面活性的可逆转换。

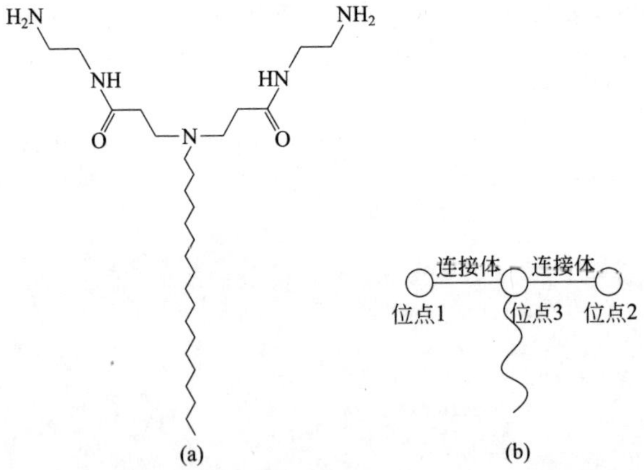

图 1　双（氨乙基氨基酰基乙基）十八胺（$C_{18}N_3$）分子结构

通过透射电镜（TEM）观察，在 pH＝2.0 时，$C_{18}N_3$ 可以在水溶液中形成直径 10～20 nm 的球状胶束；在 pH＝6.8 时，球状胶束转变成 0.6～2.0 μm 的囊泡；pH＝12.0 时，则转变成更大尺寸的片状结构（图 2）。

三、实验仪器和试剂

双波长紫外-可见分光光度计，吊环法表面张力测定装置，pH 计，常规硅胶色谱柱分离装置，减压旋转蒸馏装置，薄层色谱硅胶板，常规有机合成玻璃仪

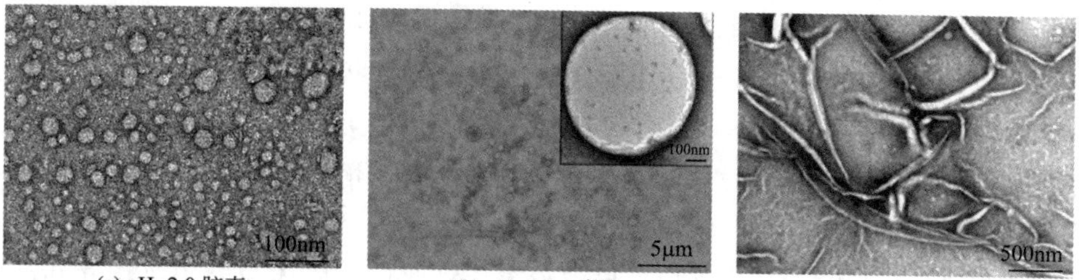

(a) pH=2.0,胶束　(b) pH=6.8，囊泡　(c) pH=10.5,片状结构

图 2　不同 pH 条件下，$C_{18}N_3$ 形成的聚集体结构

器，磁动力搅拌器，动态激光光散射仪。十八胺、丙烯酸甲酯、1,2-乙二胺、甲醇、乙醇、氯仿、环己烷、氨水、NaOH、浓盐酸、双蒸水。

四、实验步骤

1. $C_{18}N_3$ 合成

按照图 3 所示合成路线制备 $C_{18}N_3$。具体步骤如下：将十八胺用乙醇重结晶后，取 16g 溶解于 40mL 甲醇，得到十八胺-甲醇溶液，超声波脱气后装入恒压滴液漏斗，备用；取 12mL 丙烯酸甲酯溶解于 40mL 甲醇，并转入 150mL 三口烧瓶中，超声波脱气，并通 N_2 保护，室温、磁动力搅拌状态下，逐滴滴加十八胺-甲醇溶液，2～3h 加完，全程 N_2 保护下，继续搅拌反应 24h 后，停止反应。将反应液在 40℃水浴加热，减压旋蒸去除溶剂后，得到无色油状液体。再将此无色油状液体用氯仿溶解后，用 0.1mol · L^{-1} 的 NaOH 溶液洗涤两次，收集氯仿层溶液，并且用无水氯化钙干燥后，减压旋蒸去除氯仿，得到无色油状液体。

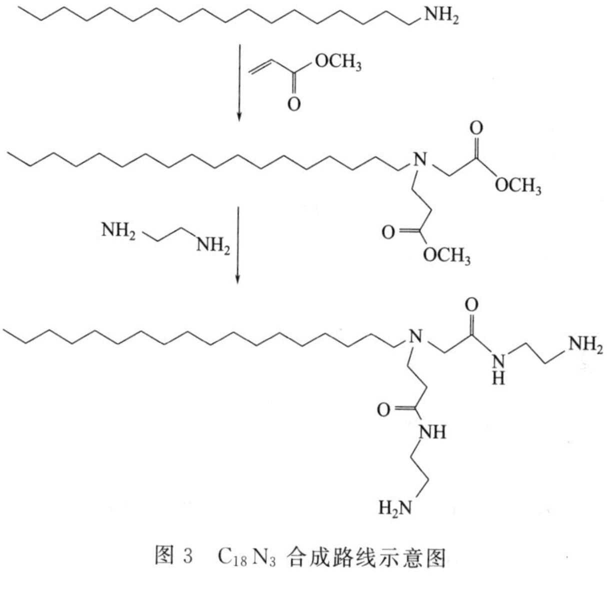

图 3　$C_{18}N_3$ 合成路线示意图

取上述无色油状液体 11g 溶解于 20mL 甲醇，备用；另取 75g 乙二胺溶解于 100mL 甲醇，转入 250mL 三口烧瓶，机械快速搅拌状态下，小心将无色油状液体-甲醇溶液加入三口烧瓶，继续反应 24～32h 后停止反应；40℃水浴减压旋蒸去除溶剂甲醇后，用甲苯/甲醇（体积比＝9/1）溶解，恒沸蒸馏去除过量的乙二胺后得到目标粗产物 $C_{18}N_3$。将粗产物用硅胶柱色谱分离，洗脱剂为氯仿/甲醇/氨水（体积比＝1/1/0.5），得到白色固体粉末。将此白色固体粉末用氯仿和环己烷重结晶精制，得到目标产物纯品 $C_{18}N_3$。

2. $C_{18}N_3$ 质子化组分分布系数与 pH 的关系

从图 1 可知，$C_{18}N_3$ 分子结构中有三个可质子化部位；由文献［1］可知，$C_{18}N_3$ 的 $pK_{a_1}=10.9$、$pK_{a_2}=10.6$ 和 $pK_{a_1}=6.6$。根据分析化学知识，可以绘制 $C_{18}N_3$ 质子化组分分布系数与 pH 的关系曲线。

3. 不同 pH 条件下 $C_{18}N_3$ 的表面活性

$C_{18}N_3$ 的浓度设定为 $1mmol\cdot L^{-1}$，外加无机盐 KCl 的浓度固定为 $0.1mol\cdot L^{-1}$，pH 设定为 13 和 2，溶液 pH 分别以 KOH 和浓盐酸调整。以吊环法测定溶液表面张力；以 2mL 溶液置于 15mL 刻度试管中手动振荡观察泡沫性能；以动态激光光散射观察溶液中聚集体的尺寸。将溶液 pH 分别在 13 和 2 之间循环调节，分别观察表面张力、泡沫和聚集体尺寸随 pH 周期性变化而变化的情形；探究上述表、界面性质随 pH 周期性调控次数增加而变化的行为。

五、数据记录与处理

1. 基于 $C_{18}N_3$ 质子化组分分布系数与 pH 的关系曲线，解释在 pH 分别为 2 和 13 条件下，$C_{18}N_3$ 表面性质周期性变化的原因。

2. 已知，pH 分别为 2.0、6.8 和 10.5 时，$C_{18}N_3$ 的分子亲水基截面积分别为 $0.6\ nm^2$、$0.4\ nm^2$ 和 $0.45\ nm^2$，查阅相关文献，分别计算上述三种 pH 条件下 $C_{18}N_3$ 的分子堆积参数，并解释图 2 的结果。

3. 结合 pH 开关的特点，探索在 pH 分别为 2 和 13 条件下，$C_{18}N_3$ 表面性质周期性变化是否有极限，并解释其原因。

4. 完成研究报告 1 份。

六、思考题

1. pH 如何影响表面活性剂的表面活性？

2. 具有 pH 响应的基团有哪些？

3. 在 pH 交替开关作用下，酸碱中和会有无机盐和水的产生，如何避免这些副产物对开关体系的负面影响？

七、参考文献

[1] Wang W, Lu W S, Jiang L. Influence of pH on the aggregation morphology of a novel surfactant with single hydrocarbon chain and multi-amine headgroups. J Phys Chem B, 2008, 112: 1409-1413.

实验四十二 pH 响应表面活性剂 2

一、实验目的

1. 了解 pH 响应表面活性剂的分子结构特点。
2. 学习常见 pH 响应表面活性剂的合成方法。
3. 学习 pH 响应表面活性剂的性质研究方法。

二、实验原理

“实验四十一”所述 pH 响应表面活性剂含有碱性胺（或氨）基，可以随着 pH 的改变接受或失去质子，导致表面活性剂的亲水-疏水性质可以发生可逆的变化。鉴于有机酸（如柠檬酸）多为弱酸，其在水溶液中的电离以及电离离子状态也随溶液 pH 改变而改变，因此，将 pH 响应阳离子表面活性剂与有机弱酸组合可以获得更加丰富的 pH 变化行为。比如，十六酸酰胺叔胺（PMA）和柠檬酸（HCA）的混合体系就是典型例证之一（图 1）[1]。

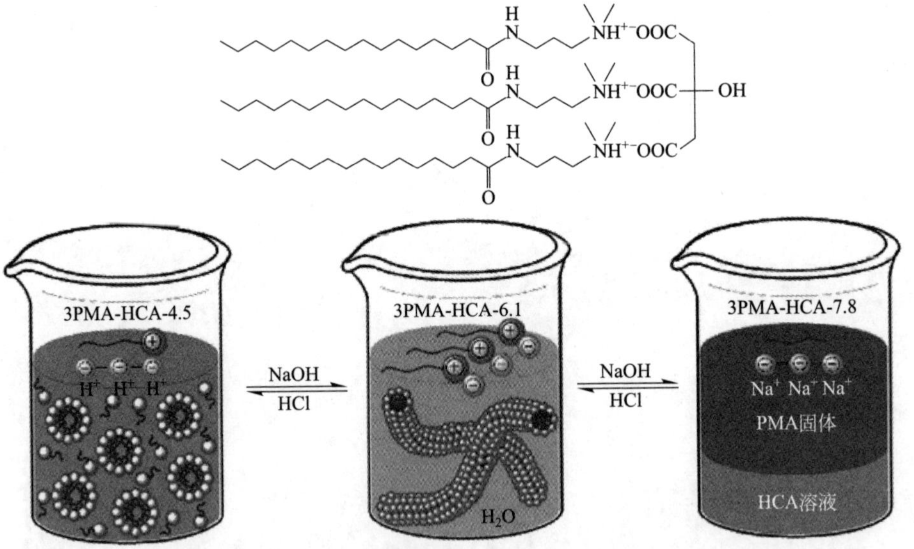

图 1 十六酸酰胺叔胺（PMA）和柠檬酸（HCA）混合体系随 pH 变化示意图

对于 0.3mol·L^{-1}的 PMA 和 0.1mol·L^{-1}的 HCA 混合体系，当 pH=4.5 时，HCA 以游离酸形式存在，而 PMA 以阳离子表面活性剂形式存在，溶液呈澄清透明且流动性与水液相当（球状胶束体系）；当 pH=6.1 时，HCA 以三价酸根负离子形式存在，而 PMA 以阳离子形式存在，溶液呈澄清透明，但是黏度很大

（蠕虫胶束体系）；当 pH＝7.8 时，HCA 以游离酸形式存在，而 PMA 则以全去质子化形式存在，溶液流动性与水液相当，若以混合体系的黏度为纵轴，溶液 pH 为横轴，可以观察到一“钟形”曲线（图 2）。

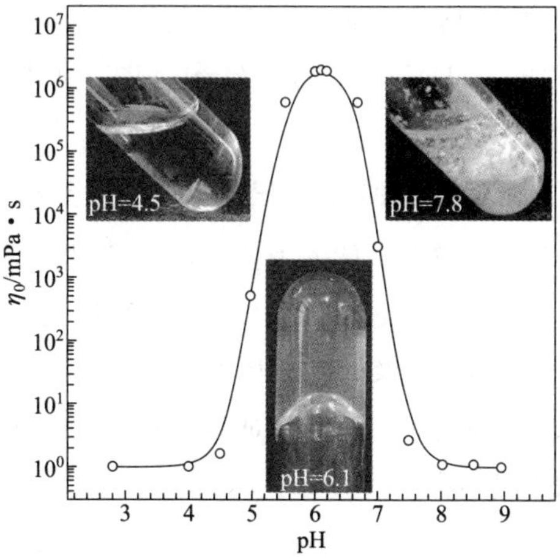

图 2　十六酸酰胺叔胺（PMA）和柠檬酸（HCA）
混合体系的黏度随 pH 变化图

三、实验仪器和试剂

傅里叶变换红外光谱仪，吊环法表面张力测定装置，pH 计，常规有机合成玻璃仪器，磁动力搅拌器，数字熔点仪，硅胶薄层板，动态激光光散射仪。十六酸、柠檬酸、氟化钠、4A 分子筛、*N*,*N*-二甲基-1,3-丙二胺、丙酮、NaOH、浓盐酸、双蒸水。

四、实验步骤

1. PMA 合成

按照图 3 所示合成路线制备 PMA。具体步骤如下：将十六酸与 *N*,*N*-二甲基-1,3-丙二胺（DMPDA）按照摩尔比 1∶1.5 加入三口烧瓶，以氟化钠作为催化剂，将已活化的 4A 分子筛置入反应烧瓶上方的吸水装置内作吸水剂，于 N_2 氛围下，155℃回流反应 10 h，薄层色谱 TLC 监测反应进程，展开剂为乙酸乙酯∶甲醇＝1∶1（体积比），直至 TLC 检测反应液中脂肪酸反应完全，停止反应。将反应液稍冷后倒入 5℃左右的丙酮∶水＝15∶1 的混合溶剂中，按照 10g 粗产物用 100mL 混合溶剂的比例，可见大量白色固体析出，搅拌、过滤，并重复洗涤滤饼至 TLC 检测不到原料 *N*,*N*-二甲基-1,3-丙二胺为止。将获得的白色固体用丙酮重结晶后 40℃真空干燥得到产物 PMA。

$$CH_3(CH_2)_nCOOH + NH_2(CH_2)_3N(CH_3)_2 \xrightarrow[155°C]{NaF} CH_3(CH_2)_nCONH(CH_2)_3N(CH_3)_2$$

图 3　PMA 的合成路线

测定 PMA 熔点（参考熔点数据 61.2～61.6℃），用傅里叶变换红外光谱仪分别测定 PMA、十六酸和 DMPDA 的红外光谱图，根据三者比较判别和解析 PMA 的红外光谱图。

2. PMA 的 pK_a 测定及 PMA 和 HCA 分布系数与 pH 关系曲线

用滴定法测定 PMA 的 pK_a。具体步骤为：30℃时，取 2×10^{-2} mol·L^{-1} 的 PMA 的乙醇∶水＝3∶1 的混合溶液 20mL，用等浓度的 HCl 溶液滴定，并且用 pH 计监测其 pH 值。以 HCl 溶液的滴定体积 V_{HCl} 为横坐标，溶液 pH 值为纵坐标，绘制 pH-V_{HCl} 曲线。等当点是指滴定曲线一阶导数的最小值点，而等当点横坐标值的一半处对应的 pH 即为 PMA 的 pK_a。

另已知，HCA 的 pK_{a1} ＝3.13、pK_{a2} ＝4.76 和 pK_{a1} ＝6.40，根据 PMA 和 HCA 的 pK_a 数据和分析化学知识，计算不同 pH 条件下 PMA 和 HCA 各得（失）质子产物的分布系数并作图。

3. 不同 pH 条件下 PMA-HCA 体系的表面活性和黏度

配制 PMA（浓度设定为 0.3mol·L^{-1}）-HCA（浓度设定为 0.1mol·L^{-1}）混合溶液，pH 在 10 和 2 之间变换，溶液 pH 分别以 KOH 和浓盐酸调整，观察溶液黏度和外观的变化；选定 pH 分别为 3、6 和 9，以上述溶液为母液逐步稀释后以吊环法测定溶液表面张力，绘制 γ-lg$c$ 曲线，确定 PMA-HCA 的 *cmc*；以 2mL 溶液置于 15mL 刻度试管中手动震荡观察泡沫性能；以动态激光光散射观察溶液中聚集体的尺寸。将溶液 pH 分别在 3、6 和 9 之间循环调节，分别观察表面张力、泡沫和聚集体尺寸随 pH 周期性变化而变化的情形；探究上述表界面性质随 pH 周期性调控次数增加而变化的行为。

五、数据记录与处理

1. 基于 PMA、HCA 质子（或去质子）化组分分布系数与 pH 的关系曲线，解释在 pH 分别为 3、6 和 9 条件下，PMA-HCA 表面性质周期性变化的原因。

2. 依据 PMA-HCA 体系的 *cmc*，讨论 PMA-HCA 体系中起表面活性组分的可能结构。

3. 结合 pH 开关的特点，探索在 pH 周期性的变化条件下，PMA-HCA 表面性质周期性变化是否有极限，并解释其原因。

4. 完成研究报告 1 份。

六、思考题

1. 蠕虫状胶束体系产生黏度的机制是什么？

2. 众所周知，表面活性剂胶束具有对油溶性物质的增溶效应，那么，蠕虫状胶束是否具有增溶效应？增溶后，蠕虫状胶束将发生何种变化？

3. pH 开关过程一般有副产物形成，那么 PMA-HCA 蠕虫状胶束周期性形成的次数是否有极限，并解释其原因。

七、参考文献

[1] Zhang Y，An P，Liu X. Bell-shaped sol-gel-sol conversions in pH-responsive worm-based nanostructured fluid. Soft Matter，2015，11：2080-2084.

实验四十三　CO_2 响应表面活性剂

一、实验目的

1. 了解 CO_2 响应表面活性剂的分子结构特点。

2. 学习 CO_2 响应表面活性剂的性质研究方法。

二、实验原理

2006 年，Jessop 课题组[1]在 Science 上首次报道了 CO_2/N_2 响应表面活性剂 *N′*-长链烷基-*N*,*N*-二甲基乙基脒，鼓入 CO_2 后该物质在水的参与下可生成相对应的碳酸氢盐，表现出阳离子型表面活性剂的性质；当向体系中鼓入 N_2 并辅助加热后，该表面活性剂恢复原始的 *N′*-长链烷基-*N*,*N*-二甲基乙基脒状态，失去表面活性剂的功能，反应机理见图 1。

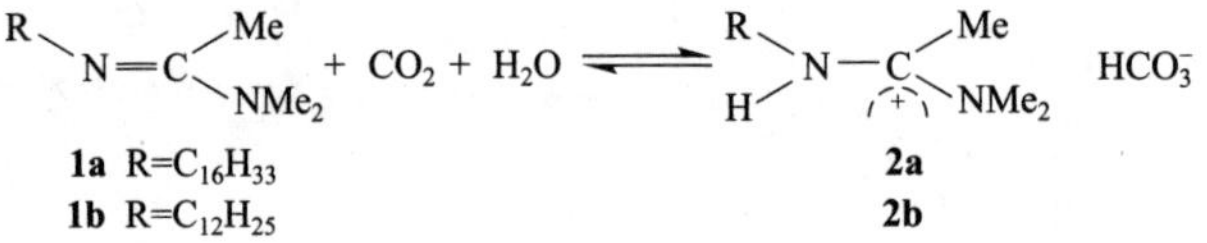

图 1　脒基 CO_2/N_2 响应表面活性剂的反应原理[1]

脒基 CO_2 响应表面活性剂的合成很困难，且收率较小，制备过程成本较高；胍基与 CO_2 作用后形成的产物稳定性太高，使可逆恢复为中性胍的过程所需的条件更为苛刻。自 2011 年起，国内外的科研工作者将目光投向了更为温和、可逆效率更高的叔胺 CO_2 响应表面活性剂。2012 年，Jessop 课题组[2]等研究了一系列不同结构的叔胺 CO_2 响应表面活性剂的 CO_2 响应性能和可逆性能（图 2）。由于叔胺基的碱性较脒基弱，在加热和引进空气的温和条件下，叔胺碳酸氢盐即可以恢复为中性叔胺。

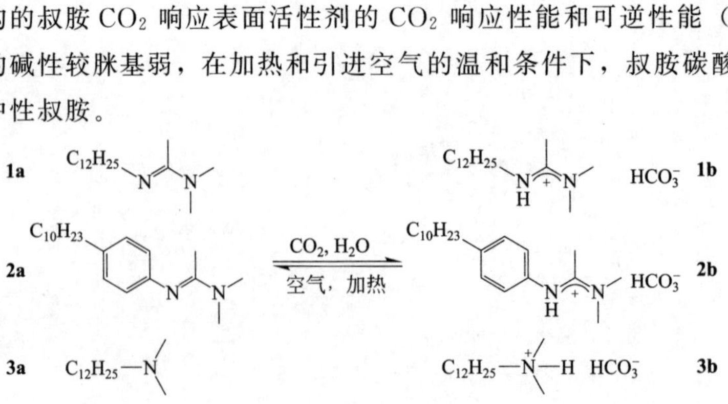

图 2　叔胺 CO_2 响应表面活性剂的作用机理[2]

三、实验仪器和试剂

吊环法表面张力测定装置，pH 计，电导率仪，OCA40 光学接触角仪，荧光光谱仪，常规有机合成玻璃仪器，磁动力搅拌器。十六酸酰胺叔胺 PMA（参照“实验四十二”方法合成），N_2，CO_2，双蒸水。

四、实验步骤

1. PMA 合成及其 pK_a 测定

按照实验四十二的方法进行。

2. PMA 响应性能测定

以乙醇：水＝3：1（体积比）的混合溶液作为溶剂，分别配制浓度为 $2\times10^{-2}mol \cdot L^{-1}$的 PMA 溶液各 20mL。30℃下，控制流量为 $60mL \cdot min^{-1}$向溶液中通入 CO_2（叔胺质子化生成相应的碳酸氢盐，即为“开”），随后控制相同流量向体系内通入 N_2（叔胺碳酸氢盐去质子化恢复到叔胺，即为“关”），用电导率仪和 pH 计全程监测溶液的电导率和 pH 值变化，“开-关”循环三次。

3. $PMAH^+ HCO_3^-$ 的临界胶束浓度 cmc

用芘的饱和水溶液分别配制一系列浓度的样品溶液，通入 CO_2 气体达饱和，密闭。超声 5min，置于 25℃恒温水浴中恒温 24h 待用。以芘为探针，参照“实验十七”方法测试 $PMAH^+ HCO_3^-$ 的临界胶束浓度 *cmc*。荧光测试条件为：温度 (25±0.1)℃，光谱记录范围为 350～500 nm，激发波长为 335 nm，激发和发射的狭缝宽度分别为 5 nm、2.5 nm。每个样品重复测量三次，取平均值。

4. PMA 的泡沫开关性能测试

分别配制 $2\times10^{-2}mol \cdot L^{-1}$的 PMA 溶液各 15mL，取 5mL 溶液向其中通入 N_2 至过饱和，5mL 溶液中通入 CO_2 至过饱和（pH 计测量溶液 pH 值），另外 5mL 溶液中通入 CO_2 至过饱和后再通入 N_2 至过饱和（pH 计测量溶液 pH 值）。在 15mL 具塞刻度试管中手摇 10s，记录 0min、5min 时的泡沫体积。平行测量三次，取平均值。

5. PMA 的乳化性能开关循环测试

分别取 3 中 PMA 溶液各 3mL。采用分水时间法测定 PMA 对正庚烷的乳化力。操作步骤：分别取 3mL 待测液和 3mL 正庚烷于 15mL 具塞刻度试管中，塞紧塞子，涡旋 10s，记录分离出 1mL 水相所消耗的时间 t_1，以时间长短表征乳化力的强弱；向乳液中通入 CO_2 至过饱和，再涡旋 10s 后记录分离出 1mL 水所需要的时间 t_2；再通入 N_2 至过饱和，涡旋 10s 后记录分离出 1mL 水所需要的时间

t_3。每个样品平行测量三次，求取平均值；CO_2-N_2-CO_2 循环三次，观察 t_1、t_2 和 t_3。

6. 润湿性能

分别取 3 中 PMA 溶液各 2mL。以标准帆布作为基底，采用躺滴法分别测定上述液滴在标准帆布表面上的静态接触角，并观察其随时间的变化，以去离子水在帆布表面的接触角作为参照。每个样品平行测量三次，取平均值。

五、数据记录与处理

1. 作电导率和通入 CO_2 和 N_2 时间曲线，结合 PMA 分布系数与 pH 关系图分析和解释电导率实验结果。

2. 分析 PMA 水溶液的泡沫、润湿和乳化性质随 CO_2/N_2 开关的变化可逆程度，结合 PMA 的 pK_a 数据分析和解释原因。

3. 完成研究报告 1 份。

六、思考题

1. 为什么表面活性剂的 CO_2 响应过程本质上属于 pH 响应？

2. 具有 CO_2 响应的基团有哪些？其共性特征是什么？

3. CO_2/N_2 开关过程有哪些明显的缺陷？

七、参考文献

[1] Liu Y X, Jessop P G, Cunningham M, et al. Switchable surfactants. Science, 2006, 313: 958-960.

[2] Scott L M, Robert T, Harjani J R, et al. Designing the head group of CO_2-triggered switchable surfactants. RSC Adv, 2012, 2: 4925-4931.

实验四十四　CO_2/N_2 响应微乳液

一、实验目的

1. 学习 CO_2/N_2 响应微乳液的制备方法。

2. 了解微乳液在 CO_2/N_2 开关作用下可逆变化的表征方法。

二、实验原理

1943 年，Schulman 等[1]首次报道了在大量皂（阴离子表面活性剂）和醇、胺（助表面活性剂）存在下原本互不相溶的油、水两相可以自发形成透明均相体系的现象，并指出其形成基本条件为：①较高的皂/水比；②体系内存在醇、脂肪酸、胺或其他非离子两亲性物质。1959 年，Schulman 等[2]首次将上述体系命名为“微乳状液”或“微乳液”，并给出了完整的定义，即微乳是一种由水、油、表面活性剂、助表面活性剂自发形成的透明、各向同性、热力学稳定的分散体系。

目前认为，微乳的形成机理主要有：瞬时负界面张力理论[3]、双重膜理论[4]、R 比理论[5]和胶束增溶理论[3]。相图法是微乳液研究中最简单、最直观和最经典的方法。相图可以比较直观地给出制备微乳的关键条件——水、油、表面活性剂、助表面活性剂的品种及配比。目前，绘制相图的方法主要有 Schulman 法和 Shah 法。Schulman 法是油、水（或溶液）、表面活性剂预先混合均匀，然后再向体系内滴加助表面活性剂（醇、脂肪酸、胺等），得到体系均一、澄清透明（形成微乳）时各组分合适的配比范围；Shah 法则是油、表面活性剂、助表面活性剂预先混合均匀，然后向体系内滴加水（或溶液），得到体系均一、澄清透明（形成微乳）时各组分合适的配比范围。相比而言，Schulman 法更加适合制备 O/W 型微乳液，Shah 法更适合制备 W/O 型微乳液。

以开关表面活性剂为主表面活性剂的微乳具有相应的开关响应。2012 年，Klee 等[6]报道了一种基于磁性室温离子液体（MRTIL）的磁响应型微乳液；2014 年，Brown 等[7]报道一种 CO_2 响应型微乳液。以反应型离子液体 1-甲基-3-丁基咪唑三唑盐([bmim][tria123])为极性相、环己烷为油相（非极性相）、氯化-1-十六烷基-3-甲基咪唑为表面活性剂、正癸醇为助表面活性剂制备了 CO_2 响应型微乳液。利用杂环三唑 tria123 在室温下与 CO_2 快速反应（化学吸附），通入 N_2 使产物完全分解的原理，制备了可逆的 CO_2 响应型微乳液，成功地实现了微乳液-普通乳液的可逆转换（图 1）。

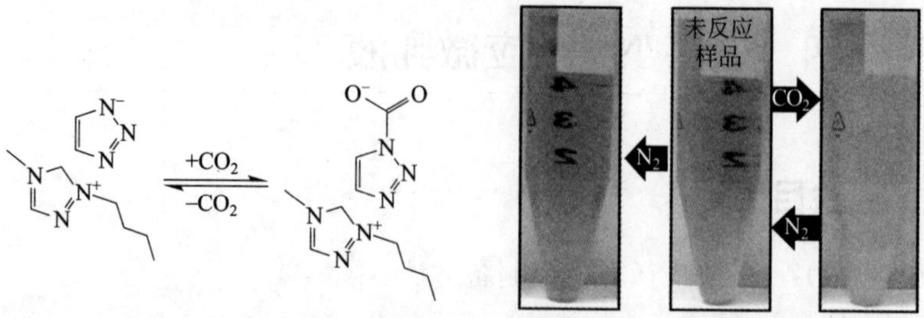

(a) 1-甲基-3-丁基咪唑三唑盐对CO_2的吸附/脱附　　(b) 鼓入CO_2/N_2后微乳液的变化

图 1　可逆 CO_2 响应型微乳液的制备及微乳液-普通乳液的可逆转换

借助于长链叔胺，普通阴离子表面活性剂十二烷基硫酸钠也可以变成 CO_2/N_2 开关表面活性剂，由此可以制备 CO_2/N_2 开关响应的微乳[8]，在 CO_2/N_2 开关作用下，可以实现微乳—破乳—微乳可逆转变。

三、实验仪器和试剂

激光光散射仪，恒温振荡水浴，电导率仪。*N*,*N*-二甲基-*N*-十二烷基叔胺（$C_{12}A$），十二烷基硫酸钠（SDS），亚甲基蓝，N_2，CO_2，双蒸水，正庚烷，正丁醇。

四、实验步骤

1. 微乳液相图的绘制以及乳液类型判别

室温下，以 SDS 为表面活性剂、正丁醇为助表面活性剂、庚烷为油相、二次蒸馏水为水相和叔胺（$C_{12}A$）制备微乳液。严格控制 $C_{12}A$ 与 SDS 物质的量相等。此外，胺类物质具有一定的两亲性，$C_{12}A$ 可以作为助表面活性剂。

室温下，测得 $0.5mol \cdot L^{-1}$ SDS 水溶液密度为 $1.018g \cdot cm^{-3}$，因此 SDS 水溶液中 $m(H_2O):m(SDS)=6.06:1$；加入与 SDS 等物质的量的 $C_{12}A$ 后，得到的乳化剂 $ME=m(H_2O):m(SDS):m(C_{12}A)=6.06:1:0.74$。用 Schulman 法绘制 EM 庚烷-丁醇体系的拟三元相图（图 2）。

在拟三元相图的微乳区域内，取一系列的物料比例配制微乳液，分别滴入水、庚烷中：若在水中分散且在庚烷中不分散，则为 O/W 型微乳液；若在庚烷中分散且在水中不分散，则为 W/O 型微乳液；若在水、庚烷中均分散，则为双连续型微乳液。为便于观察实验现象，可以在微乳液中预先滴加少量的亚甲基蓝指示剂染色。

2. 微乳液的 CO_2 开关响应性能

选择图 2 中“五星点”组成的微乳为开关试验样品，具体组成为：$0.5mol \cdot$

L^{-1} SDS（溶液）38.16%、$C_{12}A$ 4.00%、庚烷 20.56%和正丁醇 37.28%。

采用图 3 所示实验装置，取 15mL 微乳液置于具塞刻度试管中，控制循环水浴温度为（25±0.1）℃，循环冷却液（水：乙醇=2：1，体积比）温度为−2～0℃，用自制毛细管以 $15mL \cdot min^{-1}$ 的流速通入 CO_2 30min，随后将样品取出并迅速密封，室温静置 3h 或置于 50℃水浴中 30min 以实现微乳液破乳、相分离（“关”）；控制循环水浴温度为（50±0.1）℃，循环冷却液（水：乙醇=2：1，体积比）温度为−2～0℃，以 $15mL \cdot min^{-1}$ 的流速通入 N_2 4h，以实现微乳液的复原（“开”）。上述“关”“开”过程重复 3 次，用激光光散射仪测量原始微乳和 N_2 复原微乳的粒径。

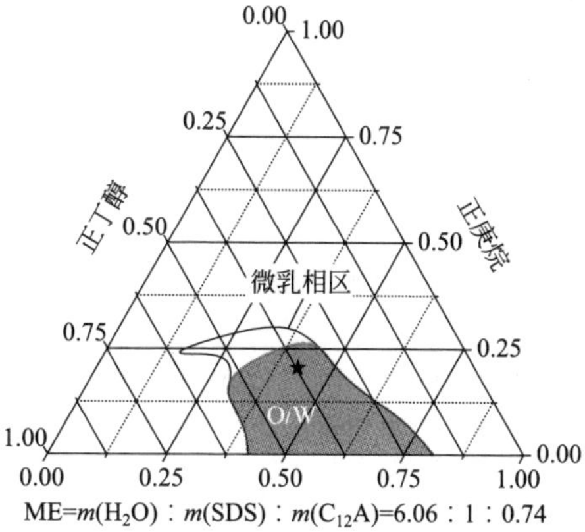

图 2　[$SDS+C_{12}A+H_2O$]-正丁醇-正庚烷微乳拟三元相图

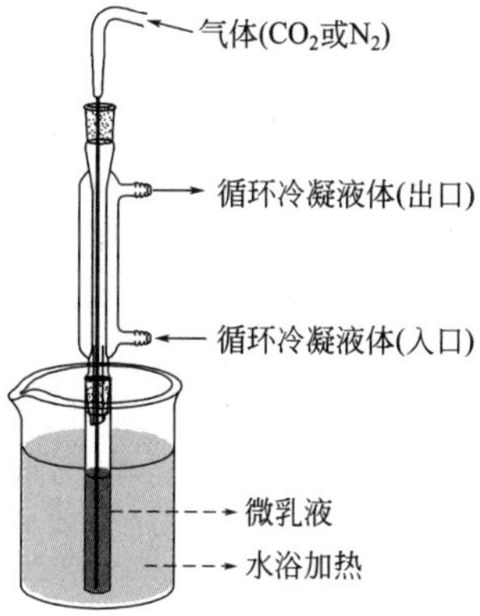

图 3　微乳液开关响应性能测试实验装置图

五、数据记录与处理

1. 根据实验结果绘制[$SDS+C_{12}A+H_2O$]-正丁醇-正庚烷微乳拟三元相图。

2. 观察微乳在 CO_2/N_2 开关作用下相行为的变化现象，结合激光光散射结果讨论该微乳的可逆变化行为，分析微乳的破乳-复原的可能原因，讨论实验误差来源和可采取的必要措施。

3. 完成研究报告 1 份。

六、思考题

1. 制备开关可逆响应的微乳需要开关表面活性剂，查阅文献，还有可能用作制备开关可逆响应微乳的开关表面活性剂是哪些？

2. 影响开关微乳可逆程度的因素有哪些？

3. 开关微乳的潜在应用领域有哪些？

七、参考文献

[1] Hoar T，Schulman J. Transparent water-in-oil dispersions：the oleopathic hydro-micelle. Nature，1943，152：102-103.

[2] Schulman J H，Stoeckenius W，Prince L M. Mechanism of formation and structure of micro emulsions by electron microscopy. J Phys Chem，1959，63：1677-1680.

[3] Shinoda K，Kunieda H，Prince L. Microemulsions：theory and practice. New York：Academic Press，1977.

[4] Bowcott J，Schulman J H. Emulsions control of droplet size and phase continuity in transparent oil-water dispersions stabilized with soap and alcohol. Zeitschrift für Elektrochemie，Berichte der Bunsengesellschaft für Physikalische Chemie，1955，59：283-290.

[5] Bourrel M，Schechter R S. Microemulsions and related systems：formulation，solvency，and physical properties. New York：Marcel Dekker，Inc，1988

[6] Klee A，Prevost S，Kunz W，et al. Magnetic microemulsions based on magnetic ionic liquids. Phys Chem Chem Phys，2012，14：15355-15360.

[7] Brown P，Wasbrough M J，Gurkan B E，et al. CO_2-responsive microemulsions based on reactive ionic liquids. Langmuir，2014，30：4267-4272.

[8] Zhang Y，Zhang Y，Wang C，et al. CO_2-responsive microemulsion：reversible switching from an apparent single phase to near-complete phase separation. Green Chem，2016，18：392-396.

实验四十五　CO_2/N_2 响应 Pickering 乳液

一、实验目的

1. 学习 CO_2/N_2 响应 Pickering 乳液的制备方法。
2. 学习 Pickering 乳液在 CO_2/N_2 开关作用下可逆变化的表征方法。

二、实验原理

在 19 世纪末，Ramsden[1] 首次发现胶体颗粒可以作为乳化剂稳定乳液，之后，Pickering[2] 对该种新型的乳液进行了系统研究。因此，后人将该种乳液命名为 Pickering 乳液，即固体颗粒代替表面活性剂作为乳化剂吸附在油/水界面上所稳定的乳液（图 1）。Pickering 乳液相比于普通乳液具有许多优势，如超稳定性、节约成本、对环境友好等，这些优势使其在石油、食品、生物医学、制药、化妆品等方面应用前景广阔。

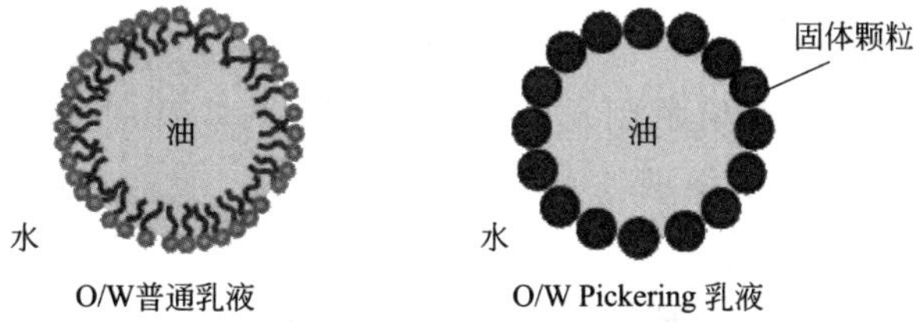

图 1　普通乳液（表面活性剂作为乳化剂）和 Pickering 乳液示意图

通常，乳液的类型可根据乳化剂的润湿性来判断。具有较强亲水性的固体颗粒会降低其与油相的接触角，导致界面弯曲并形成球形液滴；而具有较强亲油性的颗粒会降低其与水相的接触角，更易形成球形水滴。传统表面活性剂稳定的乳液液滴尺寸在亚微米级，而 Pickering 乳液的液滴尺寸通常在微米级。表面活性剂体系乳液的类型取决于其在油/水界面上的亲水亲油平衡值，即 HLB 值。对固体颗粒来说，其吸附在油/水界面形成的三相接触角（图 2，类似于表面活性剂的 HLB 值）可以用来判断乳液类型。根据 Young 方程给出颗粒在油/水界面上的三相接触角 θ_w（水相测得）：

$$\cos\theta_w = \frac{\gamma_{s/o} - \gamma_{s/w}}{\gamma_{o/w}} \tag{1}$$

式中，$\gamma_{s/o}$、$\gamma_{s/w}$、$\gamma_{o/w}$ 分别为固体/油相、固体/水相、油相/水相间的界面张力。固体颗粒具有较强亲水性，$\theta_w < 90°$，形成 O/W 型乳液；固体颗粒具有较

强亲油性，$\theta_w > 90°$，形成 W/O 型乳液；当固体颗粒被水相和油相均匀润湿时，$\theta_w = 90°$，得不到稳定的乳液。Kaptay 的研究结果表明，稳定 O/W 型乳液的最佳 θ_w 为 70°～86°，而稳定 W/O 型乳液的最佳 θ_w 为 94°～110°（图 2）。

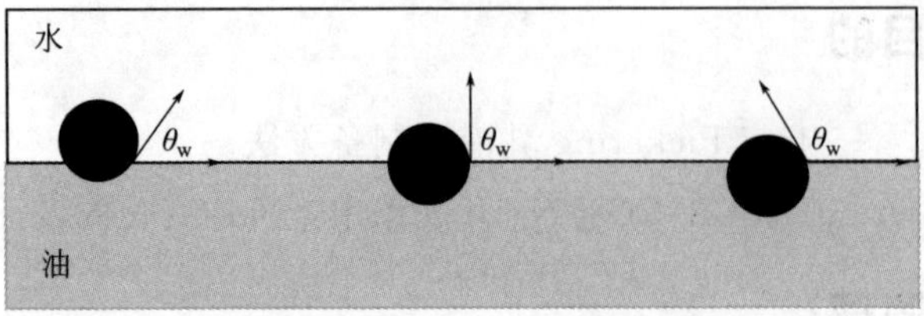

图 2　颗粒在油/水界面的接触角

近年来，随着纳米技术的发展，国内外很多学者致力于对 Pickering 乳液的研究工作。但人们对胶体颗粒稳定乳液的机理看法并不一致，目前得到普遍认可的理论认为：胶体颗粒吸附在油/水界面上，可以在分散液滴周围形成单层或多层的固体颗粒膜，从而阻止液滴间的聚结。若颗粒带有电荷，那么颗粒间的静电排斥力可以更加有效地阻碍液滴间的聚结，从而可进一步提高乳液的稳定性。

普通表面活性剂在油/水界面上的吸附行为属于动态平衡过程，在一定条件下可以迅速实现吸附和脱附，所以形成的乳液为热力学不稳定体系；但胶体颗粒吸附在油/水界面上稳定的乳液则几乎是热力学稳定体系。Binks[3] 指出，假设颗粒足够小（直径小于 2 μm），那么其重力可忽略不计，此时半径为 r 的颗粒从油/水界面脱附所需的能量为 ΔE：

$$\Delta E = \pi r^2 \gamma_{o/w} (1 \pm \cos\theta_w)^2 \tag{2}$$

式中，$\gamma_{o/w}$ 为油水界面张力；θ_w 为水相测得的三相接触角。颗粒从界面进入水相 $\cos\theta_w$ 为负值，颗粒从界面进入油相 $\cos\theta_w$ 为正值。从公式（2）可以得出如下结论：即使是非常小的固体颗粒，其在界面上的吸附能也远远大于其自身热运动产生的能量。可见，固体颗粒一旦吸附在油/水界面上便很难脱附，导致 Pickering 乳液具有显著的稳定性。相应地，破乳也比较困难。如果能够制备出具有开关性的表面活性颗粒，那么就可以用它们制备超稳定的响应乳液。在很多情况下，经过物理或化学修饰的固体颗粒的表面性质对环境刺激具有响应性，从而可以调控颗粒的润湿性，进而可制得超稳定的开关型或刺激响应型乳液，同时乳化剂的回收和再利用也得以实现。因此，运用响应表面活性颗粒制备响应 Pickering 乳液越来越受到人们的关注。

2013 年，Jiang 等[4] 利用一种 CO_2/N_2 响应表面活性剂使纳米二氧化硅颗粒原位表面活性化，从而制备了响应的超稳定 Pickering 乳液。当表面活性剂 N'-十二烷基-N,N-二甲基乙基脒碳酸氢盐处于“开”的状态时，为阳离子型表面活性剂，由于静电作用吸附到带负电的纳米二氧化硅颗粒表面，颗粒表面活性化，吸附在油/水界面上，从而稳定 Pickering 乳液；当 N'-十二烷基-N,N-二甲基乙基脒碳酸氢盐经过加热且通入 N_2 时处于“关”的状态，转化为中性的脒，从纳米二氧化硅颗粒表面脱附，颗粒失去表面活性，乳液破乳（图 3）。若采用长链羧酸（十二酸、十四酸或十六酸）酰胺叔胺替代长链脒，则 Pickering 乳液在 CO_2/N_2 开关作用下的破乳和复原过程将变得相对比较快捷（图 4）[5]。

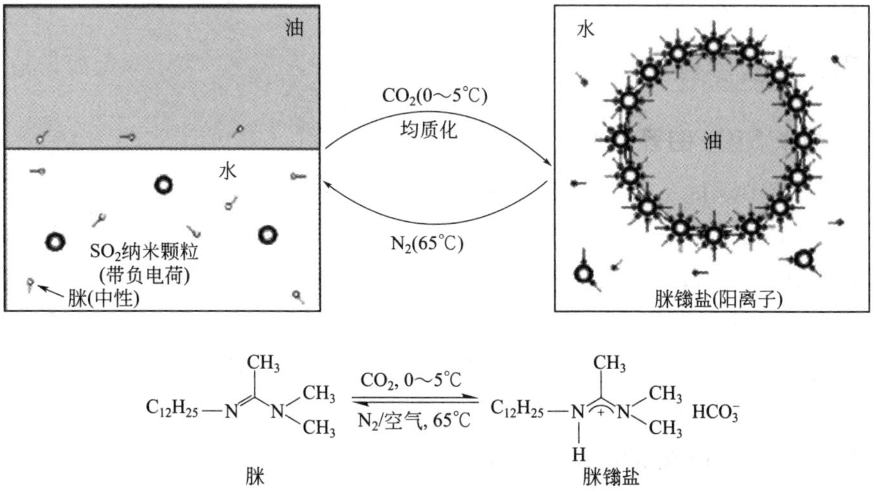

图 3　CO_2/N_2 开关 Pickering 乳液作用机理示意图

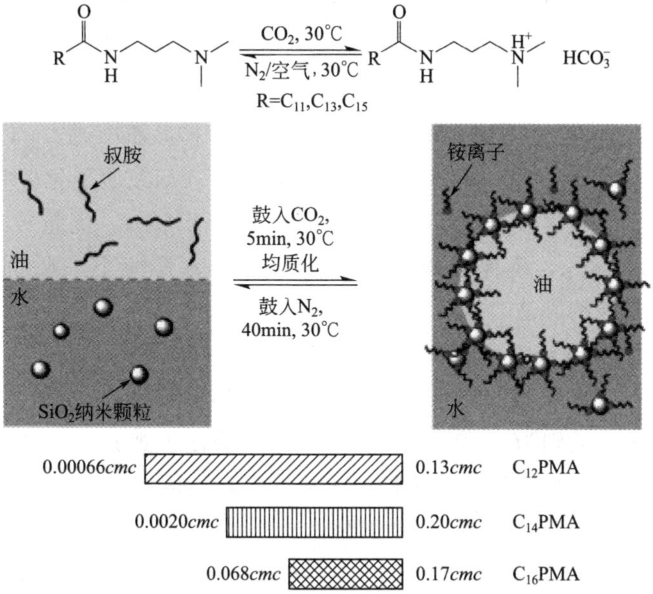

图 4　基于长链羧酸酰胺叔胺的 Pickering 乳液开关响应示意图

三、实验仪器和试剂

Zeta 电位及纳米粒度分析仪，pH 计，高速分散均质机，超景深三维显微镜，恒温水浴，超声波清洗器，10mL（20mL）玻璃样品瓶。十四酸酰胺叔胺（C_{14}PMA，参照“实验四十二”中 PMA 的合成方法，预先制备），纳米二氧化硅，盐酸，NaOH，N_2，CO_2，双蒸水，正庚烷。

四、实验步骤

1. 纳米 SiO_2 的等电点

室温下配制 pH 不同的溶液，HCl 和 NaOH 浓度分别为 $1\times10^{-5}mol\cdot L^{-1}$、$1\times10^{-4}mol\cdot L^{-1}$、$1\times10^{-3}mol\cdot L^{-1}$、$1\times10^{-2}mol\cdot L^{-1}$。用 20mL 样品瓶准确称取等量纳米 SiO_2，加入不同 pH 值的酸碱溶液，配制浓度为 0.1%（质量分数）的 SiO_2 颗粒分散液。超声波分散 30s 后，25℃恒温水浴中静置过夜。于 25℃条件下，pH 计分别测定溶液的 pH 值并用 Zeta 电位仪测定 SiO_2 颗粒的 Zeta 电位。Zeta 电位对溶液的 pH 值作图，即获得纳米 SiO_2 颗粒的等电点。

2. Pickering 乳液的制备及表征

（1）Pickering 乳液的制备

在 20mL 样品瓶中，加入纳米 SiO_2 颗粒及不同浓度的表面活性剂水溶液，配制水相为 7mL，其中纳米 SiO_2 颗粒浓度为 0.3%（质量分数，相对于水相），表面活性剂的浓度（$mol\cdot L^{-1}$）分别为 1×10^{-6}、5×10^{-6}、1×10^{-5}、4×10^{-5}、6×10^{-5}、8×10^{-5}、1×10^{-4}、2×10^{-4}、5×10^{-4}、1×10^{-3}、9×10^{-3}。超声分散 30s 后静置，各加入 7mL 正庚烷。向每个样品瓶中通入 CO_2，流量控制在 $40mL\cdot min^{-1}$，时间为 5min，以保证其中的 C_{14}PMA 质子化较完全，之后均质机以 5000r/min 转速乳化 90s，再向样品瓶中通入 CO_2，流量控制在 $20mL\cdot min^{-1}$，时间为 2min，确保乳液处于 CO_2 氛围。本实验中，水/油体积比均为 1∶1。静置制备好的乳液，观察其稳定状态。

（2）Pickering 乳液类型的判断

采用液滴分散法判断乳液的类型，取 1～2 滴乳液分别滴加到水相和油相中，若液滴在水相中分散则为 O/W，反之为 W/O；为便于观察实验结果，可以在稀释实验过程中适当添加痕量的油溶性或水溶性染料染色。

（3）Pickering 乳液显微照片的拍摄

本实验中乳液显微照片均由 VHX-1000C 超景深三维显微镜拍摄。在干净的载玻片上滴加 4μL 左右乳液，用连续相稀释后使其形成单层，加盖玻片后置于载物台上，调节焦距至图像清晰后拍摄显微照片，存为图片文件。

(4) Pickering 乳液粒径分布测定

选择浓度分别为 4×10^{-5}mol·L^{-1}、8×10^{-5}mol·L^{-1}、2×10^{-4}mol·L^{-1}的 $[C_{14}PMAH]^+$ HCO_3^- 与 0.3%（质量分数）的纳米 SiO_2 颗粒制备的 Pickering 乳液，用激光粒度分析仪测定其粒径分布；选择浓度为 8×10^{-5}mol·L^{-1}的 $[C_{14}PMAH]^+$ HCO_3^- 与 0.3%（质量分数）纳米 SiO_2 颗粒制备的 Pickering 乳液，用显微镜测定其粒径分布。

(5) Pickering 乳液稳定性检测

选择浓度为 8×10^{-5}mol·L^{-1}、9×10^{-3}mol·L^{-1}的 $[C_{14}PMAH]^+HCO_3^-$ 与 0.3%（质量分数）的纳米 SiO_2 颗粒制备的乳液，在 65℃水浴中恒温 24h，观察乳液的稳定性。

3. Pickering 乳液的 CO_2/N_2 开关性检验

选择浓度为 8×10^{-5}mol·L^{-1}的响应表面活性剂 $[C_{14}PMAH]^+HCO_3^-$，纳米 SiO_2 颗粒浓度为 0.3%（质量分数）（相对于水相），油相为正庚烷，制备成稳定的 Pickering 乳液（14mL∶14mL）。将制备好的乳液倒入 50mL 具塞刻度试管中，试管上方接冷凝装置（减少正庚烷挥发），在 50℃条件下，向乳液中通入 N_2，流量控制在 80mL·min^{-1}，直至乳液实现完全破乳，冷却至 25℃时测定水相 pH 值。将油水混合物倒入 40mL 样品瓶中，均质机以 5000r/min 转速均质 90s 后观察是否能再次形成稳定的乳液，并拍摄显微照片；然后，再向该体系中通入 CO_2，流量控制在 60mL·min^{-1}，持续约 20min，测定水相 pH 值之后，用均质机以 5000r/min 转速均质 90s，观察是否能得到稳定的乳液。

五、数据记录与处理

1. 根据实验结果，绘制 Zeta 电位对溶液的 pH 值曲线，获得纳米 SiO_2 颗粒的等电点，判断 SiO_2 表面的带电性质。

2. 观察乳液在 CO_2/N_2 开关作用下相行为的变化现象，已知 C_{14}PMA 的 pK_a 值约为 8.10，分析乳液的破乳-复原的原因，讨论实验误差来源和可采取的必要措施。

3. 完成研究报告 1 份。

六、思考题

1. 获得制备开关 Pickering 乳液所需要的开关乳化剂的途径有哪些？

2. 开关 Pickering 乳液的潜在用途可能是什么？

3. 本实验设计的开关 Pickering 乳液关闭后，乳化剂的去向是什么？若考虑关闭后的乳化剂回收并重复使用，需要如何设计？

七、参考文献

[1] Ramsden W. Separation of solids in the surface-layers of solutions and 'suspensions' (observation on surface-membranes, bubbles, emulsions, and mechanical coagulation) -preliminary account. P Roy Soc Lond, 1903-1904, 72: 156-164.

[2] Pickering S U. Emulsions. J Am Chem Soc, 1907, 91: 2001-2021.

[3] Binks B P. Particles as surfactants-similarities and differences. Curr Opin Colloid Interface Sci, 2002, 7: 21-41.

[4] Jiang J, Zhu Y, Cui Z, et al. Switchable Pickering emulsions stabilized by silica nanoparticles hydrophobized in situ with a switchable surfactant. Angew Chem Int Ed, 2013, 125: 12599-12602.

[5] Zhang Y, Guo S, Wu W, et al. CO_2-triggered Pickering emulsion based on silic nanoparticles and tertiary amine with long hydrophobic tails. Langmuir, 2016, 32: 11861-11867.

实验四十六　Redox响应表面活性剂

一、实验目的

1. 学习含硒表面活性剂的制备方法。

2. 含硒表面活性剂分别在氧化剂和还原剂作用下性质转变的研究方法。

二、实验原理

Redox 响应表面活性剂，又叫作氧化还原响应表面活性剂，是指通过氧化和还原反应改变表面活性剂的表面活性，且表面活性能够可逆开关转变的一类表面活性剂。

1985 年，Saji 等人[1]首次报道了含有二茂铁（Fc）基的表面活性剂具有很好的氧化还原开关性质，2004 年，实现 Fc 基表面活性剂蠕虫胶束的 Redox 开关转换（图 1）[2]。Fc 基表面活性剂是 Redox 响应型开关表面活性剂最具代表性的品种，阴离子型[3]、阳离子型和非离子型[4]Fc 基表面活性剂均有报道。电化学和化学试剂均可使 Fc 基团发生氧化和还原反应。

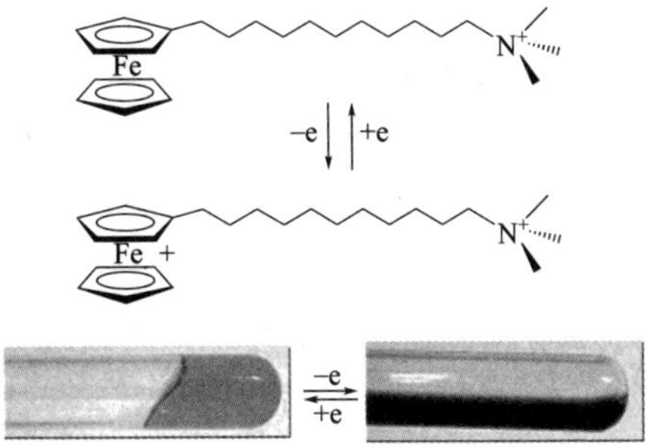

图 1　二茂铁基表面活性剂及其蠕虫胶束的 Redox 开关转换原理示意图

2008 年，北京大学黄建滨课题组报道了以二硫键作为链接基的 Gemini 表面活性剂[5]，在 Redox 作用下，二硫键可以可逆地打开和关闭，从而实现 Gemini 表面活性剂和普通单头-单尾表面活性剂两者之间的转换。

2010 年，清华大学张希课题组率先报道了含硒阳离子表面活性剂[6]具有 Redox 响应性质。随后，江南大学刘雪锋课题组报道了含硒甜菜碱型表面活性剂[7]和含二硒键[8]Redox 型开关表面活性剂，比较系统地研究了含硒表面活性剂的 Redox 开关响应性质。相比于含 Fc 和二硫键表面活性剂，含硒 Redox 响应表面活性剂的响应更加快速、灵敏。

三、实验仪器和试剂

有机合成玻璃仪器一套，硅胶色谱柱，硅胶薄层色谱预制板，滴体积法表面张力仪一套，旋转蒸发仪，傅里叶变换红外光谱仪，真空干燥箱，高速均质机，三维超景深显微镜。硒粉，$NaBH_4$，溴代十二烷，四氢呋喃，二氯甲烷，无水硫酸钠，乙酸乙酯，稀硝酸，KI，I_2，KOH，HCl，N_2，双蒸水，正庚烷。

四、实验步骤

1. 十二烷基亚硒酸的制备及其 pK_a

按照图 2 所示路线制备十二烷基亚硒酸。

$$Se \xrightarrow{NaBH_4} Na_2Se_2 \xrightarrow{C_{12}H_{25}Br} C_{12}H_{25}SeSeC_{12}H_{25} \quad (1)$$

$$C_{12}H_{25}SeSeC_{12}H_{25} \xrightarrow{HNO_3} C_{12}H_{25}\overset{\overset{\displaystyle O}{\|}}{Se}OH \quad (2)$$

图 2　十二烷基亚硒酸的合成路线

取 9.3g 硒粉和 75mL 水室温搅拌 10min 后置于冰浴冷却，另用冰水溶解 9.8g $NaBH_4$ 搅拌下滴加，加完后，室温下继续搅拌 20min 后再加入 9.3g 硒粉继续室温反应 20min 后升温至 70℃并保温反应 20min，待降温至室温后，搅拌下滴加预先用 280mL 四氢呋喃溶解的 58.6g 溴代十二烷，加完后升温至 50℃并保温反应 18 h，上述反应全程 N_2 氛保护。然后用二氯甲烷萃取，萃取液用无水硫酸钠脱水后，旋蒸去除二氯甲烷，将所得固体粗产物用乙酸乙酯重结晶得到图 2 所示步骤 1 目标产物十二烷基二硒醚。

取 6.85g 十二烷基二硒醚预加入 50mL 水中，再加入 10mL 浓硝酸，搅拌下缓慢升温至 55～60℃反应 30min，停止反应，冷却，可见大量白色固体析出，滤出固体沉淀，水洗数次并真空干燥得到十二烷基亚硒酸。用傅里叶红外光谱仪分别测定十二烷基二硒醚和十二烷基亚硒酸的红外光谱。

测定十二烷基亚硒酸的 pK_a 值。用甲醇/水（体积比＝4∶1）为溶剂配制 0.02mol・L^{-1}的十二烷基亚硒酸溶液，再用 0.02mol・L^{-1}的 KOH 溶液滴定，以 pH 计监控，参照“实验四十二”方法测定十二烷基亚硒酸的 pK_a 值。

由十二烷基亚硒酸和 KOH 中和获得十二烷基亚硒酸钾，十二烷基亚硒酸为一极弱的有机酸，因此，将最终溶液 pH 用 KOH 调节到 13。

2. 乳液配制及其表征

取 7mmol・L^{-1}十二烷基亚硒酸钾溶液（内含 KI 浓度 21mmol・L^{-1}）5mL 和 5mL 石油醚混合，20000r/min 均质 30s 得到乳液。用三维超景深显微镜观察乳液粒径分布；分别用石油醚和 0.1mol・L^{-1}KOH 水溶液为溶剂，采用稀释法判断乳液的类型；取 6mL 乳液，测试分离出 1mL 水所需要的时间，以评价乳液的相对稳定性。

3. 乳液的开关转换及其表征

十二烷基亚硒酸钾在 KI 共存的情况下，改变 pH 将按照图 3 所示过程发生变换。按照上述 2 中方法制备乳液，向其中滴加浓 HCl 至 pH=1，观察现象；再向其中添加 KOH 至 pH=13，20000r/min 均质 30s，观察现象，用三维超景深显微镜观察；并分别用石油醚和 0.1mol·L^{-1} KOH 水溶液为溶剂，采用稀释法判断乳液的类型；取 6mL 乳液，测试分离出 1mL 水所需要的时间。

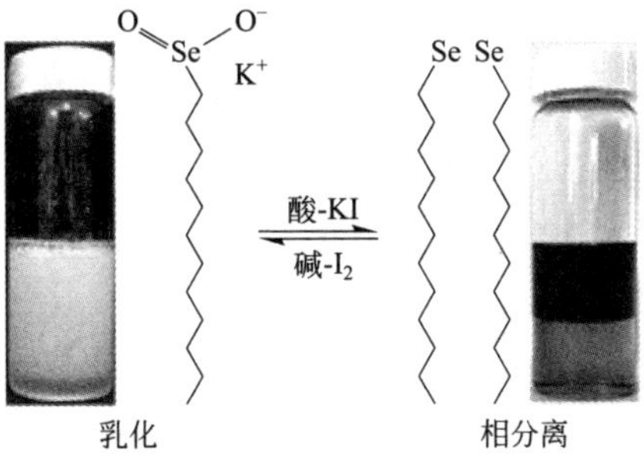

图 3　十二烷基亚硒酸钾乳化的石油醚-水乳液的 Redox 开关响应

五、数据记录与处理

1. 查阅文献，定性解析十二烷基二硒醚和十二烷基亚硒酸的红外光谱。

2. 作 V_{KOH}-pH 曲线，获得十二烷基亚硒酸的 pK_a 值。

3. 根据三维超景深显微镜拍摄的图片，依据任意 500 个分散颗粒的粒径数据，作出原始和复原乳液分散相粒径的柱状分布图，计算分散相平均粒径。

4. 完成研究报告一份。

六、思考题

1. 写出图 3 中十二烷基亚硒酸钾与十二烷基二硒醚之间的变化化学方程式。

2. 从乳液相对稳定性、乳液粒径分布等角度，讨论 Redox 响应型开关乳液的可逆变换，进一步分析该类响应表面活性剂及其乳液的优缺点。

3. 无机亚硒酸盐往往具有明显的生理毒性，那么本实验所用十二烷基亚硒酸及其盐是否有毒副作用的风险？

七、参考文献

[1] Saji T，Hoshino K，Aoyagui S. Reversible formation and disruption of micelles by control of the redox state of the head group. J Am Chem Soc，1985，107：6865-6868.

[2] Tsuchiya K，Orihara Y，Kondo Y，et al. Control of viscoelasticity using redox reaction. J Am Chem Soc，2004，126：12282-12283.

[3] Aydogan N，Abbott N L. Effect of electrolyte concentration on interfacial and bulk solution properties of ferrocenyl sufactants with anionic headgroups. Langmuir，2002，18：7826-7830.

[4] Long J，Tian S，Li G，et al. Micellar aggregation behavior and electrochemically reversible

solubilization of a redox-active nonionic surfactant. J Solution Chem，2015，44：1163-1176.
[5] Fan H，Han F，Liu Z，et al. Active control of surface properties and aggregation behavior in amino acid-based Gemini surfactant systems. J Colloid Interface Sci，2008，321：227-234.
[6] Han P，Ma N，Ren H，et al. Oxidation-responsive micelles based on selenium-containing polymeric superamphiphile. Langmuir，2010，26：14414-14418.
[7] Zhang Y，Kong W，Wang C，et al. Switching wormlike micelles of selenium-containing surfactant using redox reaction. Soft Matter，2015，11：7469-7473.
[8] Zhang Y，Chen H，Liu X，et al. Effective and reversible switching of emulsions by an acid/base-mediated redox reaction. Langmuir，2016，32：13728-13735.

实验四十七　光响应表面活性剂

一、实验目的

1. 掌握偶氮苯反应、威廉逊（Williamson）醚化和皂化反应的合成方法。
2. 了解偶氮苯顺反异构的原理。
3. 掌握光响应表面活性剂溶液的响应原理。
4. 了解构建表面活性剂黏弹溶液的常用方法。

二、实验原理

在特定波长光的刺激下，某些含有光敏成分的表面活性剂溶液的物理化学性质可以产生显著变化，这类溶液称为光响应表面活性剂溶液。偶氮苯在特定波长光的作用下可以产生顺反异构。当某种分子内含有偶氮苯基团时，偶氮苯基团的顺反异构会引起分子构型的转变，进而引起体系性质的变化。本实验首先合成一种含偶氮苯的阴离子型表面活性剂，与一种阳离子型表面活性剂在一定比例和浓度下形成线状的蠕虫胶束，得到黏稠溶液。在紫外线作用下，偶氮苯基团由反式变为顺式（见图 1），引起蠕虫状胶束长度和数量的减少，溶液黏度因而下降。

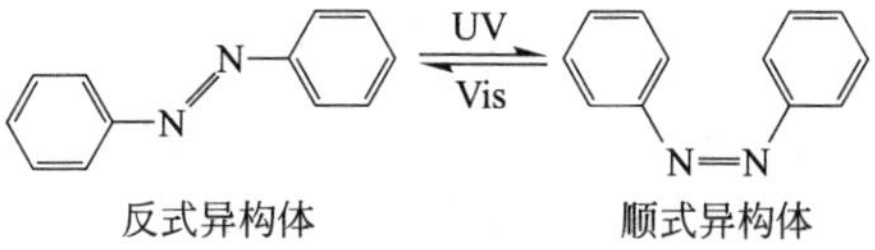

图 1　偶氮苯基团的顺反异构示意图

三、实验仪器和试剂

紫外光源（UV-201SA，日本 IWATA），可见光源（台灯），分析天平，磁力搅拌器，核磁共振仪（Bruker Advance Ⅲ 400MHz），紫外可见光谱仪，流变仪（DHR-2，美国 TA 公司）。

十六烷基三甲基溴化铵（CTAB），2-偶氮苯氧基乙酸钠（azo-Et-Na），苯胺，浓盐酸，亚硝酸钠，淀粉碘化钾试纸，尿素，苯酚，氢氯化钠，4-羟基偶氮苯，碳酸钾，*N*,*N*-二甲基甲酰胺，溴乙酸乙酯，乙酸乙酯，无水硫酸钠，乙醇氘代二甲基亚砜，二次蒸馏水（电导率 7.8×10^{-7} S·cm^{-1}，美国 Millipore Synergy UV 二次蒸馏水系统）。

四、实验步骤

1. 表面活性剂2-偶氮苯氧基乙酸钠（azo-Et-Na）的合成与表征

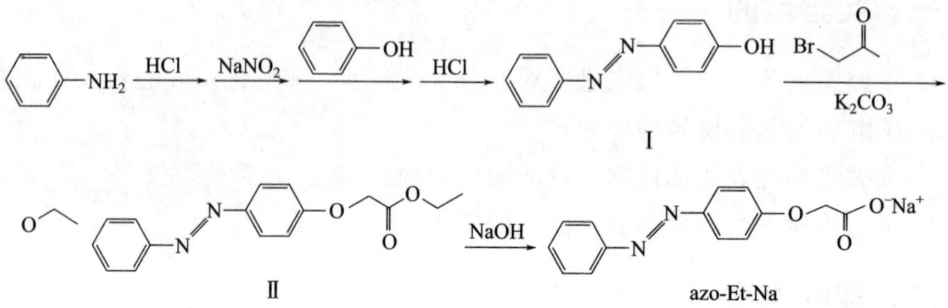

（1）4-羟基偶氮苯（Ⅰ）的合成　在400mL的烧杯中加入苯胺（40.9g，0.44mol）、水（40mL）和浓盐酸（120mL，141.6g），搅拌至混合均匀，冷却后体系呈糊状，将其置于冰盐浴中。将亚硝酸钠（39.5g，0.59mol）溶于100mL水中，在低于5℃下将亚硝酸钠溶液滴入上述浓盐酸与苯胺体系中，体系逐渐澄清，形成黄色溶液。当加入75%左右的亚硝酸钠溶液时，用淀粉碘化钾试纸检验氧化性。若试纸立即变蓝，则停止加入亚硝酸钠，加入少量尿素溶液，直到试纸不变蓝为止。最后用pH试纸检验反应后的体系是否为酸性。

在800mL烧杯中加入苯酚（43.5g，0.46mol），加水250mL左右，调pH值至9～10（加入与苯酚等物质的量的NaOH即可）。慢慢滴加上述重氮盐溶液，同样保持温度在5℃以下（滴加过程通过滴加氢氧化钠的水溶液保证体系呈碱性）。稍等一段时间，溶液中产生棕黄色沉淀。加完后继续搅拌半小时左右，反应结束，滴加HCl使体系偏酸性。

将上述混合物抽滤，用蒸馏水洗涤两次，得到土黄色粉末。然后用乙醇-水重结晶两次，经真空干燥后得到产品Ⅰ。

（2）2-偶氮苯氧基乙酸乙酯Ⅱ的合成　在氮气保护下，在500mL三颈瓶中加入4-羟基偶氮苯（3.96g，0.02mol）、碳酸钾（11.05g，0.08mol）和150mL干燥的*N*,*N*-二甲基甲酰胺（DMF）。在60℃下搅拌15min后，加入溴乙酸乙酯（3.51g，0.021mol），继续搅拌3h。反应结束后抽滤，取滤液于500mL烧杯中，加入水（50mL）和乙酸乙酯（100mL），搅拌均匀后静置，溶液分为两层。取上层溶液，加入无水硫酸钠干燥，静置后抽滤。将滤液在减压下除去溶剂，通过柱色谱分离（石油醚：乙酸乙酯=5：1）得到中间产物Ⅱ，为橙黄色固体。

（3）2-偶氮苯氧基乙酸钠（azo-Et-Na）的合成　在500mL三颈瓶中加入Ⅱ（4g，0.014mol）、氢氧化钠（0.68g，0.017mol）和乙醇（200mL），升温至70℃，反应3h。将混合物抽滤，固体用乙醇洗涤三次，真空干燥后得到产品，为橙黄色固体。

(4) 氢核磁共振谱测试　取适量 azo-Et-Na 装入核磁管内，溶于氘代二甲基亚砜（DMSO-d_6）中，进行氢核磁共振谱的测试。

2. azo-Et-Na 在紫外线照射前后的紫外光谱

(1) 取适量 azo-Et-Na 溶于水，进行紫外可见光谱的测试。

(2) 将相同溶液用紫外光源照射 1min，测量其紫外可见光谱，测量范围 200～550nm；将该溶液继续用紫外光源照射 10min，测量其紫外可见光谱。比较上述光谱图的差异，解释原因。

3. 表面活性剂黏弹溶液的制备

(1) 分别配制 CTAB 浓度为 80mmol・L^{-1}、200mmol・L^{-1} 和 400mmol・L^{-1} 的溶液 2mL 各两份，观察溶液的表观现象。

(2) 向上述溶液中分别加入 azo-Et-Na，使 azo-Et-Na 的浓度为 40mmol・L^{-1}，得到表面活性剂混合溶液，观察溶液的表观现象。

4. 表面活性剂溶液的光响应性能

(1) 取上述表面活性剂混合溶液各一份，分别用紫外光源照射，观察溶液表观状态随光照时间的变化。

(2) 取紫外线照射 10min 后的溶液，用可见光源照射，观察溶液表观状态随光照时间的变化。

5. 表面活性剂溶液在紫外线照射前后的流变行为

(1) 用流变仪测量表面活性剂混合溶液在紫外线照射前的黏弹性质。采用稳态模式测量，测量范围为 0.001～50s^{-1}。

(2) 用流变仪测量表面活性剂混合溶液在紫外线照射 10min 后的黏弹性质。采用稳态模式测量，测量范围为 0.001～50s^{-1}；比较两者流变行为的差异。

五、数据记录与处理

1. 计算 azo-Et-Na 合成过程中每一步产物的收率。
2. 详细记录实验中所观察到的现象，并对其做出合理解释。
3. 完成研究报告 1 份。

六、思考题

1. 在偶氮苯的两种不同构型的异构体中，哪种异构体的能量较高？除偶氮苯外，还有哪些基团可以发生顺反异构？

2. 将两种表面活性剂混合后可以获得蠕虫状胶束的原理是什么？根据所学知

识，还有哪些表面活性剂混合后可能获得蠕虫状胶束？

3. 光响应表面活性剂溶液在紫外线照射前后性能不同的原因是什么？

4. 该光响应表面活性剂溶液可能应用在哪些方面？

七、参考文献

[1] Rosslee C，Abbott N L. Active control of interfacial properties. Curr Opin Colloid Interface Sci，2000，5：81-87.

[2] Eastoe J，Vesperinas A. Self-assembly of light-sensitive surfactants. Soft Matter，2005，1：338-347.

[3] Song B L，Hu Y F，Zhao J X. A single-component photo-responsive fluid based on a gemini surfactant with an azobenzene spacer. J Colloid Interface Sci，2009，333：820-822.

[4] Oh H，Ketner A M，Heymann R，et al. A simple route to fluids with photo-switchable viscosities based on a reversible transition between vesicles and wormlike micelles. Soft Matter，2013，9：5025-5033.